中国 地 震 局 老 专 家 科 学 基 金　资助出版
中国地震局地壳应力研究所基本科研业务费专项

工程岩体力学基本问题

安 欧 著

地震出版社

图书在版编目（CIP）数据

工程岩体力学基本问题/安欧著. —北京：地震出版社，2012.8
ISBN 978-7-5028-4115-7

Ⅰ.①工… Ⅱ.①安… Ⅲ.①工程力学—岩石力学 Ⅳ.①TU45

中国版本图书馆 CIP 数据核字（2012）第 179446 号

地震版　XM2759

工程岩体力学基本问题

安　欧　著

责任编辑：王　伟
责任校对：孔景宽

出版发行：地震出版社

北京民族学院南路 9 号	邮编：100081
发行部：68423031　68467993	传真：88421706
门市部：68467991	传真：68467991
总编室：68462709　68423029	传真：68455221
专业图书事业部：68721991　68467982	

E-mail：68721991@ sina. com
http://www. dzpress. com. cn

经销：全国各地新华书店
印刷：九洲财鑫印刷有限公司

版（印）次：2012 年 8 月第一版　2012 年 8 月第一次印刷
开本：787×1092　1/16
字数：250 千字
印张：9.75
印数：0001～1000
书号：ISBN 978-7-5028-4115-7/TU（4792）
定价：30.00 元

序　论

　　地壳力学在地震预测、石油开发和岩体工程中都有重要应用，并在这些学科领域中提出了一些新的概念和工作方法以及相应的理论。本书便含有如下的新特点：

　　(1) 提出工区岩体处于残余和现代两种应力场中，受此两种应力叠加场的作用和变形，详述了两种应力场的性质、异同、测量和叠加方法。

　　(2) 岩体在残余和现代应力叠加场中，产生在叠加应力作用下的综合力学性质，来对抗叠加应力场的动力作用，而不能再用只在现加载荷作用下固体力学贯用的普通力学性质，并据此建立岩体在叠加应力场中的综合力学方程。

　　(3) 工区岩体与区域岩体一样，都参与区域构造运动，受外围岩体的作用，不断变形、断裂、改变构造运动方式，论述了岩体运动方式变化的原因和最易活动的状态，据此提出了岩体工程须做与变化的运动方式相应的动态设计的要求。

　　(4) 岩体运动与地球自转有成因联系，随地球自转状态变化而不断改变运动方式，这是从地球自转状态变化趋势来预测工区岩体未来运动方式的基础，并可据此对工程做使用时段力学状态的预测性设计。

　　(5) 论述了地壳运动的时空分布规律：以水平运动为主、是不稳定变形、有全球统一性、空间分布呈等距性、时间上有继承性，并提出了它们各自的动力过程和成因。

　　(6) 论证了地壳应力场的特征：在成分组成上是叠加场、在物理性质上是梯度场、在受环境影响上是非独立场、在随时间变化上是非稳定场、在历史更替上是新旧并存场。

　　(7) 以地球自转力和公转力对地壳运动的主动作用为地壳构造运动的动力成因或地壳应力场的动力来源，作为前述诸章的理论依据和动力学基础。

　　上述七个方面，是地壳力学在工程岩体力学研究中进一步应用的概括，也是本书的七个学术特点。

　　望本书能反映工程岩体力学研究的重要进展，推动本学科研究的迅速发展。

安　欧

2011 年 9 月于北京

目　　录

第一章　地壳岩体内的应力场

本章，以地壳岩体在现代构造运动中存在残余和现代两种应力场作为运动动力；论述岩体内这两种应力场的物理性质、相异之处、共同特征、测量技术和叠加方法；为后面讨论岩体在两种应力场共同作用下产生的综合力学性质、工程动态设计和运动变化预测奠定双重的动力基础。考虑岩体受两种运动动力作用，而不是只受现代应力场一种动力作用，这是本书的第一个特点。

第一节　岩体内应力场组成

一、岩体残余应力场概论

地壳岩体内古应力场残留至今的残余场，简称残余应力场。残余应力场与现代成因造成的现代应力场同时存在于岩体中并共同叠加成地壳现代应力场，是现代地壳运动的动力。但二者除共同特征之外还有相异之处，因此须要分别论述和测量，而在应用时又要一起来使用。

1. 残余应力场力学性质

固体有边界载荷时内部产生的应力系统，在边界与外载平衡，为开放应力系统，如地壳惯性应力、重力应力。固体无边界载荷时内部存在的应力系统，在体内自行平衡，为封闭应力系统。其中，因固体内部因素变化产生的为内生应力系统，如玄武岩冷却应力；而由于开放应力在体内残留下来的为残余应力系统，如光弹性冻结模型应力。

1）从岩石残余应力测件中所测得的是应力的标志

（1）用 X 射线法测残余应力时，从岩石测件中所测的是矿物晶面间距的变化。间距缩短，相斥推压；间距拉长，互相引拉，反映的是晶面间法向弹性形变所受的压、张应力作用。

（2）把残余应力测件的切片放在显微光弹仪上，观测到有矿物的光弹性等倾线和等色线。

（3）垂直残余应力测件表面测到了法向泊松应变。因测件表面已是自由表面，现今法向应力已释放掉，故此法向应变应是表面方向残余应力作用引起的横向泊松应变。

（4）残余应力测件中矿物残余应力引起 X 射线衍射线宽散，致高掠射角的 K_α 双线相连，使晶面间距 d 改变 Δd，造成的衍射线峰值半高双向角宽化度为 $-\dfrac{\Delta d}{d}\tan\theta_0$，与所用 X 射线波长无关，$\theta_0$ 是矿物退火后无残余应力的掠射角。

（5）测件中选侧矿物的 X 射线劳埃相上有星芒辐射状衍射斑点，退火后消失。

上述现象，是从岩石测件中测到的机械应力的固体物理学、光测弹性学、固体力学、X射线物理学和 X 射线晶体学标志。

2）从测件中所测的是古应力残余值的标志

（1）测件是从地壳采下后测量，边界已无现今外力作用，其中的应力场在体内自行平衡，属残留自平衡应力系统。同一测件中，对不同种矿物晶粒测得的残余应力一致。

（2）从测件中测得的应力值多大于同一测点的现今应力值，因而不会是现今应力的残余部分。

（3）现今应力的地表铅直分量应为零。而测件中所测得残余应力场有地表铅直分量，可见并非现今应力的残余场。这是因含残余应力岩体的上部被剥蚀掉所致，是古应力残余场。

2. 残余应力场产生机制

岩体构造变形时，由于造岩矿物的强度不尽相同和分布方位差异，而使得它们并非同时都发生塑性变形，低强度高塑性的晶粒优先，而高强度高弹性的晶粒可仍处于弹性状态，便造成岩体内弹、塑性区共存的不均匀塑性变形状态，形成塑性区对弹性区的圈闭作用。先屈服者便用大塑性变形挤压流动并连接起来构成岩石塑性格架而成塑性基质，把尚处于弹性状态的晶粒包围起来造成其弹性局部封闭区，而使其中的应力保留下来，并作用于围岩而成局部平衡状态。由于基质的塑性变形并不恢复，即使外力卸去时局部封闭的弹性变形仍然保留，于是卸载后岩体内便存留自平衡应力（图1.1）。此种应力便成为残余应力，可以是张性的、压性的、剪性的，有主方向。

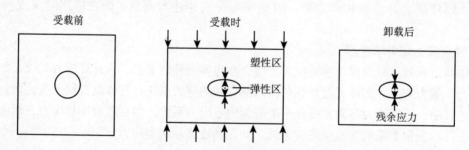

图 1.1　岩体中残余应力产生机制示意图

由此可知，一场构造应力作用，既造成一场岩体构造运动，又由于岩体力学结构的不均匀同时也产生不均匀塑性变形，而把其中的应力场以原分布形式保留下来一部分成为残余应力场。这种场与后来某时期的应力场叠加便构成该时期的地壳应力场，成为该时期地壳构造运动的动力。

下列事实也证实了此种残余应力产生机制：

1）残余应力场方向与岩石组构记录的原场方向一致

一个地区岩石的后生组构，记录组构形成时应力场的分布方向，于是可用之求得其形成时的古应力场方向。在红河断裂带测区的测量结果表明：地区残余应力的分布方向，与其形成时原应力场造成的岩石后生组构反映的受力方向一致。

为从地壳岩石后生组构来推求其形成时的受力方式，须对岩石做相当于地壳状态的压缩或拉伸实验，确定岩石在压缩或拉伸下所成后生组构的特点。岩石组构用 X 射线组构仪测定。

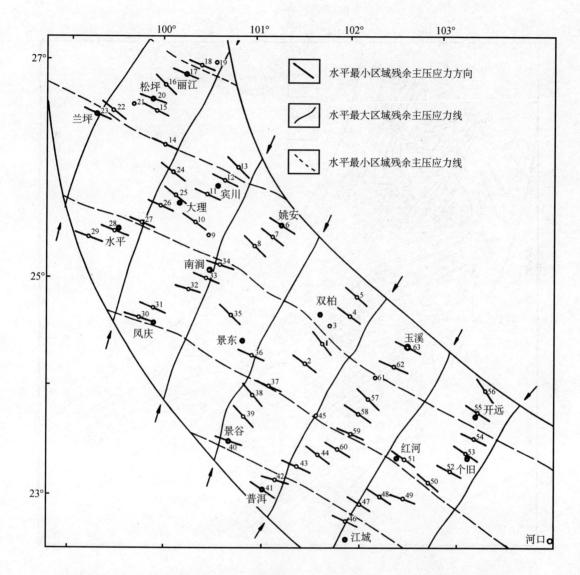

图 1.2 红河断裂带测区用 X 射线法测得的水平残余主应力线图（高国宝参加测量）

实验结果表明：岩石压缩变形后，长柱状矿物晶粒长轴趋于转到与压缩方向垂直，片状矿物晶粒的平面也趋于转到与压缩方向垂直。晶粒排列已有明显定向组构的岩石，垂直其定向组构显示的压缩方向再次压缩，则其新组构又显示与后一次压缩方位垂直，说明岩石所保留下来的定向组构反映的是所经历的最后一场构造运动的受力方式。在测区网状布点采样，可测得最后一场运动时各点的主应力方向和性质，绘出此古应力场的主应力线分布图。

如，红河断裂带测区，水平最大残余主压应力线分布在 N15°～45°E 角域范围内（图 1.2），水平最大残余主压应力大小沿断裂带从 NW 向 SE 减弱（图 1.3），这与红河断裂带晚第三纪以来最近一场强烈构造运动的右旋压扭性错动和强度从 NW 向南东减弱是一致的。

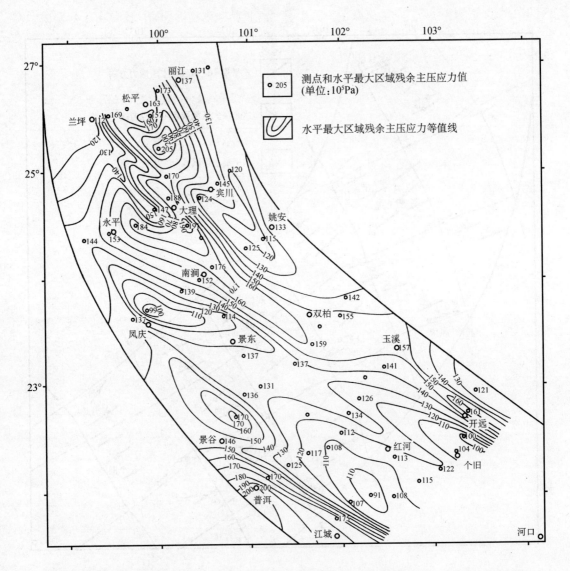

图1.3 红河断裂带测区用X射线法测得的水平最大残余主应力水平等值线图（高国宝参加测量）

2）岩石结构不变其中的残余应力场便长期保留

在边长20cm正方形燧石灰岩板面上四个直角区内测得的板面方向残余主应力大小和方向与从每个小测区切下的直径5cm的圆板面上侧得的相同（表1.1）。在相距100m范围内的不同岩石中采样测得的残余应力结果相近（表1.2），以致可在大小和方向上取其平均值，而将此范围视为一个测点。这说明，在上述尺度范围内，只要岩石结构不被破坏或改变，残余主应力的大小和方向基本不受测量岩块形状、尺寸和距离的影响，虽经多次切割测量但仍不随之改变，并可长期保留，不因圆板从大岩板中切下或岩块从地壳采下后失去现今应力场作用在边界的载荷而消失。迁西地区荆子峪西北石英岩体中的6个测点，于1957年测量后，在1965年又重新采样复测，所得水平残余主应力大小和方向，除6号测点受采石破坏的影响外，均未变化（表1.3）。此区侏罗纪前期的构造应力场和美国响尾蛇山区及日本关东地区的白垩纪构造应力场，均能残留至今，也说明其松弛速度是极小的。这是由于受岩体中发生了强塑性变形骨架所控制的结果。而且，这种强塑性变形，是在地质时期内长期处于围岩的围压围限之下，而不能像四周都是自由表面那样随意改变。

表 1.1 在正方形 *ABCD* 燧石灰岩板四个直角区和从这四个直角区切下的圆板上测得的板面方向残余主应力大小和方向

直角测区	σ_1/MPa		σ_2/MPa		α/ (°)	
	切圆板前	圆板上的	切圆板前	圆板上的	切圆板前	圆板上的
∠*DAB*	11.0	11.0	7.5	7.4	28	28
∠*ABC*	11.0	10.9	7.5	7.4	28	30
∠*BCD*	11.0	11.0	7.5	7.5	29	28
∠*CDA*	10.9	11.0	7.4	7.5	29	29

表 1.2 迁西地区 1—0 号测点在 100m 内的不同岩石中测得的水平残余主应力大小和方向

岩石	σ_1/MPa		σ_2/MPa		α/ (°)	
	单测	平均	单测	平均	单测	平均
燧石灰岩	11.6		4.0		358	
石英岩	11.4	11.6	3.7	3.9	4	359
片麻岩	11.8		4.0		355	

表 1.3 迁西荆子峪西北石英岩中 NW 向测线的 6 个测点水平残余主应力大小和方向

岩石	σ_1/MPa		σ_2/MPa		α/ (°)	
	1957 年测	1965 年测	1957 年测	1965 年测	1957 年测	1965 年测
1	13.5	13.5	5.1	5.2	60	62
2	13.6	13.6	5.1	4.9	90	91
3	13.3	13.4	5.0	5.0	85	85
4	12.5	12.5	4.8	4.8	80	80
5	12.3	12.3	4.0	4.1	80	80
6	11.2	10.5	4.5	3.6	75	70

3. 残余应力场物理特征

地壳岩体中的残余应力场，具有如下的特征：

（1）残余应力场是岩体中的古应力场经漫长地质时期缓慢构造运动残留下来的残余场，在时空分布上不同程度地潜含有原应力场的特点，是原场的部分延续；现今应力场是造成地壳应力场的成因所直接引起的现今初生应力场，其时空分布受地壳应力场的成因直接控制，有初生的新特点，并与历史上残留下来的残余应力场进行叠加。

（2）残余应力场是由岩体在构造运动中的不均匀塑性变形所造成，受岩体强塑性的结构基质所控制，构成自平衡应力系统；现今应力场，与边界条件随时相关，并受控于边界条件。

（3）残余应力场的方向与其原应力场的方向一致，只要岩石结构不变便长期保留，不因岩体失去边界载荷而消失，岩体的强塑性变形形式不被改造则分布形态不变，是稳定应力系统；现今应力场，随边界条件而变，若岩体失去边界载荷便消失，是不稳定应力系统。

（4）残余应力场，据其原生场的分布形态、岩体在构造运动过程中弹、塑性成分的强度比、弹、塑区大小比例、弹、塑性结构、相变特点、杂质含量及其分布有关，是非独立场；现今应力场，也是非独立场。

综上可知，残余应力场与现今应力场的相同点，都是梯度场和非独立场；不同点，前者是残余场、封闭场、稳定场，后者是原生场、开放场、非稳定场。

4. 残余应力场释放过程

1）释放途径

岩体中封闭的一场残余应力，不能自行上升，但可下降，称之为释放。岩体残余应力的释放，有下列途径：

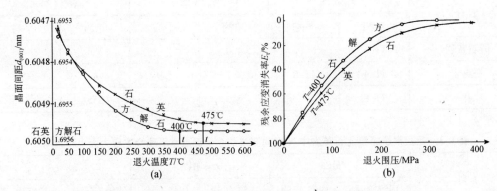

图1.4 岩石中石英和方解石晶粒从岩石中取出在表面自由状态下退火后的（001）晶面系晶面间距 $d_{(001)}$ 随退火温度变化曲线（a）和在固定温度 t 退火后 $d_{(001)}$ 方向的残余应变消失率 E_t 随退火时围压变化曲线（b）

（1）加热退火。

岩石中含残余应力矿物晶粒，在表面自由状态时其晶面间距随退火温度而变化，含压性残余应力者随退火温度升高而变大，含张性残余应力者随退火温度升高而变小，并各随退火温度的改变而趋向一无残余应力的恒定值（图1.4）。

退火方法：先加热至退火温度，保温几小时，再缓冷至室温。中国西南部岩石中石英的退火温度为475℃，方解石的退火温度为400℃，所含残余应力便全部释放。

残余应力随高温退火而消失，是由于强塑性变形矿物固结的结构格架或基质高温软化的结果，残余应力也借助于热能的帮助而释放。

岩浆浸入、火山活动，均可降低围岩中的残余应力。

（2）发生破裂。

岩石破裂时，新裂面表层中平行裂面的残余应力保留，而垂直裂面的释放至一定深度。

圆柱形岩石试件在常温常围压下轴向压缩后，从平行压缩方向切出的平面测件中测得平行压缩方向的残余应力大小几乎没变，而在垂直压缩方向切出的平面测件中测得的垂直压缩方向的残余应力大小却显著减小（表1.4）。切片观察发现，平行压缩方向出现许多张裂隙，说明岩石经塑性形变后，垂直新裂面方向的残余应力减小，而平行新裂面方向的则几乎不变。表1.5中的实测结果也表明：在正方形燧石灰岩板面上，平行板边与其有不同距离的20mm×2mm的矩形小测区，用X射线测得板面方向的残余应力中，平行板边方向的从板边向里都不变，而垂直板边方向的则从板内向板边减小到零。垂直板边侧面的残余应力释放深度约为1.0~1.5cm。此释放深度，是岩石性质、岩块形状和尺度、表面平整度和残余应力量级的函数。

岩体破裂对垂直新裂面方向残余应力的释放，是大地震改变残余应力场的一个重要途径，但属量值的部分释放，并不改变残余应力场的主方向。

（3）机械振动。

岩体中振动的交变应力引起的往返变形，可造成应力松弛，减弱残余应力。一个地区发生大地震后，会使残余应力场减弱。但减量有限，而不可能全部释放。

（4）塑性变形。

表1.4　定向岩样在常温常围压下短时沿铅直单轴压缩后铅直轴向和东西横向残余应力的变化

岩石	转向压力（MPa）	加载时间（min）	铅直轴向残余应力/MPa		东西横向残余应力/MPa	
			压缩前	压缩后	压缩前	压缩后
石英岩	70.5	1.2	20.1	19.9	19.8	7.0
石灰岩	68.0	1.0	18.3	18.3	16.4	6.1
片麻岩	51.2	1.3	16.0	15.9	15.0	4.8

表1.5　正方形燧石灰岩板上板面方向的残余应力向板内的变化深度

长条矩形测区与板边距离/mm	平行板边方向的残余应力/MPa	垂直板边方向的残余应力/MPa
1	11.0	0
5	11.0	3.0
10	10.9	7.1
15	10.9	7.5
20	11.0	7.4
25	11.0	7.5
30	11.0	7.5

岩体的塑性变形改变其中弹性状态晶粒的边界条件，而使其中的残余应力也发生改变。

压缩使含残余应力晶粒中的拉应力减弱，拉伸使含残余应力晶粒中的压应力减弱，剪切使含残余应力晶粒中的反向剪应力减弱。这种塑性变形，使残余应力场减弱一些又增加一些，而做重新分布。在强塑性变形的蠕变中，则把残余应力场调整向其变形应力场的分布状态转变，以至完全转变成后者。因此，一个地区的残余应力场，反映的是该区最后一场强烈构造运动的变形形式和应力状态。

综上可知，残余应力是在岩体长期构造变形中，尚处于弹性变形阶段的高弹性矿物被周围变形了的强塑性矿物所固结，同时引起其间的相互作用，而使其中的应力得以残留下来。在形成机制上，属岩体塑性固结应力系统。因而，取消边界外力时，以自平衡状态存在于岩体内，而成为残留自平衡应力系统；方向与岩体强塑性形变场的相应主方向一致，只要岩石结构不变便在其中长期保留；一旦经过高温退火、岩体破裂、发生振动或塑性变形，便发生改变，重新分布，甚或完全转变成最后一场强烈构造运动应力场的分布形态，而成为它的残余应力场。

2）释放速度

只要测得岩体破裂时的抗断强度 σ_c 及残留至今的残余应力值 σ_r，可得残余差应力 $\Delta\sigma_i = \sigma_c - \sigma_r$，再测得岩体破裂至今所经过的时间 Δt，便可求得该场残余应力在这段历史过程中的释放速度

$$v = \frac{\Delta\sigma_i}{\Delta t}$$

二、岩体现代应力场概论

地壳中现代成因造成的应力场，为现代应力场。它与岩体中古应力场残留至今的残余场叠加成地壳现代应力场，推动现代地壳运动。

1. 现代应力场成因

1）地球自转动力作用

（1）地球自转快慢交替变更的机制。

地球作为一个天体，从形成时起就在自转着，其自转角速度的快慢主要受控于其质量分布。

质点组绕质心的自转轴的转动动能为

$$E = \frac{1}{2}I\omega^2 \tag{1.1}$$

式中，I 是质点组的轴惯性矩，其值越大储能越多；ω 是质点组角速度。据质点组转动动能定理，质点组从自转状态 1 转动到 2 时，转动动能的改变量

$$E_2 - E_1 = \frac{1}{2}I(\omega_2^2 - \omega_1^2) = D \cdot \theta$$

式中，D 为质点组对自转轴的力矩和；θ 为转角。此式说明：质点组转动动能增加，力矩做功为正，方向与转动同向；质点组转动动能减小，力矩做功为负，方向与转动反向。因为地球从形成时起，就在其转动动能支配下自转，故转动动能的改变是主动变化量。据质点组动量矩定理，

$$I(\omega_2 - \omega_1) = \int_{t_1}^{t_2} D\mathrm{d}t \qquad (1.2)$$

式中，$I\omega$ 是质点组动量矩，表示质点组绕轴转动的强弱程度。取角加速度 ε，得

$$I\varepsilon = D \qquad (1.2')$$

式（1.2）说明：①质点组转动时动量矩随时间改变；②质点组动量矩的改变由力矩和引起；③力矩和为零，则角加速度为零，质点组做匀速自转；④在同样角加速度下，惯性矩 I 大的质点其和力矩也大，惯性矩小的质点其和力矩也小。说明，惯性矩表示质点组转动惯性的强弱，是质点组转动惯性的量度，又称转动惯量。

若外力过质点组质心，由于此时对过质心转轴的力矩和为零，则式（1.2'）右边为零，使质点组对过质心转轴的动量矩不变，即

$$I\omega = 恒量$$

这表明：当质量分布距转轴远时，I 变大，则 ω 变小；当质量分布距转轴近时，I 变小，则 ω 变大。因之，当地球自转加快时，惯性离心力随之增大，使地球扁率变大，高密度岩浆从深部外溢，I 随之增大。但此种后果又使地球自转速率减小，于是惯性离心力也减小，扁率又变小，且在重力分异作用下使重物质下沉，I 随之减小。但由上式知，这又使 ω 增大，如此自动控制自转速度，时快时慢地变化。它受控于地球内部质量分布的改变，由自行主动调节 I 的大小来实现。

（2）地球自转惯性矩和动能的分布。

质量为 M，半径为 R 的圆球壳，对过中心任一轴的惯性矩

$$I = \frac{2}{3}MR^2$$

质量为 M，半径为 R 的圆球壳，对任一径向轴的惯性矩

$$I = \frac{2}{5}MR^2$$

地核质量 $M_核$ 为 $188 \times 10^{22}\,\mathrm{kg}$，半径 $R_核$ 为 $3571\mathrm{km}$；地幔质量 $M_幔$ 为 $405 \times 10^{22}\,\mathrm{kg}$，内、

外半径为3571km、6336km，质量集中壳半径 $R_{幔}$ 为5310km；地壳质量 $M_{壳}$ 为 5×10^{22} kg，内、外半径为6336km、6371km，质量集中壳半径 $R_{壳}$ 为6353km。则得地核、地幔、地壳对地球自转轴的惯性矩并代入式（1.1）求得三者的自转动能，列于表（1.6）。

表1.6　地核、地幔、地壳对地球自转轴的惯性矩和自转动能

轴 惯 性 矩		自 转 动 能	
表示式	计算值/（kg·km²）	表示式	计算值/（ω²·kg·km²）
$I_{核} = \dfrac{2}{5} M_{核} \cdot R_{核}^2$	9590×10^{27}	$E_{核} = \dfrac{1}{2} I_{核} \cdot \omega^2$	4795×10^{27}
$I_{幔} = \dfrac{2}{3} M_{幔} \cdot R_{幔}^2$	7613×10^{28}	$E_{幔} = \dfrac{1}{2} I_{幔} \cdot \omega^2$	3807×10^{28}
$I_{壳} = \dfrac{2}{3} M_{壳} \cdot R_{壳}^2$	1345×10^{27}	$E_{壳} = \dfrac{1}{2} I_{壳} \cdot \omega^2$	673×10^{27}

此结果说明：

①地核、地幔、地壳惯性矩大小的顺序是 $I_{幔} > I_{核} > I_{壳}$，惯性矩最大者是地幔，地壳最小；

②地球的自转惯性主要由深部控制，深部自转加快则全都随之加快，深部自转减慢则全都随之减慢；

③地球自转动能大小的顺序，也是 $E_{幔} > E_{核} > E_{壳}$，由式（1.2）和式（1.2′）知，其动量矩及力矩和，也是地幔的大于地核，地核的大于地壳，其各自的变化量也是如此。

综而言之，地球自转中能动性最大的部分是地幔，对地壳来说是来自下部被低强度层与其分开的高密度高质量部分；地壳和地核都受控于地幔的主动转动作用而随之一起转动，并由于惯性滞后而有相对的反作用，形成相互间兼有扭性的压、张力；这种高质量体之间的作用，无论表述为能量还是力，都是巨大的；对地壳，所受这种来自其下部的主动转动作用，主要表现在水平东西方向，大小等于壳中地块的惯性力，地球自转加速时与地球自转同向而自西向东，地球自转减速时因负加速度与地球自转反向而自东向西，即此种主动转动作用与壳中地块的惯性力等值反向。

（3）地球自转引起的各主要质量力。

地球绕自转轴以角速度 ω 匀速自转时，地壳中质量为 m 的块体上作用有两种质量力，一是方向指向地心的地心引力

$$Q = k \frac{Mm}{r^2} \tag{1.3}$$

式中，k 为引力常数；M 为地球质量；r 为块体与地心距离；此处的 m 是引力质量；Q 力随 m 增加而增大，随深度增加因 r 减小也增大。二是方向垂直地球自转轴的惯性离心力（图1.5）

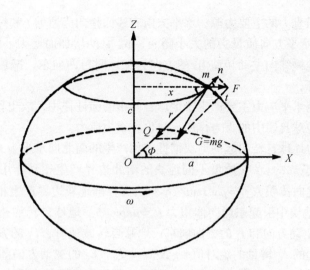

图 1.5　地球自转中地心引力和惯性离心力的关系

$$F = ma_n = mx\omega^2 = m\omega^2 r\cos\phi \tag{1.4}$$

式中，a_n 为离心加速度；x 为块体与地球自转轴距离；ϕ 为块体地理纬度；此处的 m 是惯性质量；F 在径向的分力

$$n = F\cos\phi = m\omega^2 r\cos^2\phi \tag{1.5}$$

F 指向赤道的经向水平分力

$$t = F\sin\phi = m\omega^2 r\sin\phi\cos\phi \tag{1.6}$$

Q 与 F 的向量和为块体重力 $G = mg$，随 Q 和 F 的大小而变，g 为块体所在纬度的重力加速度。可见，块体的 m 增大，则 t 线性增大；r 增大，t 也线性增大。t 与 ω^2 成正比，只要地球自转着这个力就存在，不论地球加速或减速自转，t 的方向总是从两极指向赤道。

地球变速自转中，地壳中质量为 m 的块体由于受控于来自地幔的加速或减速纬向主动转动作用力τ的作用，还产生一指向地球自转方向的纬向切线加速度 a_τ，因之还有一与τ等值反向的纬向水平惯性力 ma_τ，并有

$$\tau = ma_\tau = mx\varepsilon = m\varepsilon r\cos\phi \tag{1.7}$$

式中，ε 为地球自转角加速度。可见，块体的 m 增大，则τ线性增大；r 增大，则τ亦线性增大。

综上所述，地壳块体上所受的作用力，有地心引力 Q、与引力反向的自转径向惯性力 n 和经向水平力 t 以及来自地幔的纬向水平力τ。径向 Q 和 n 的作用反向，故径向质量力的合力为 $(Q-n)$，由于 n 随深度增加线性减小，Q 随深度增加成二次方增大，则此合力随深度

增加而增大，它是铅直力的主要力源；水平方向有经向指向赤道的 t 和纬向以指向地球自转方向为正的 τ，此二水平方向质量力的大小随 m、ω、ε 的增加而增大，随深度增加而减小。地球变速自转时，地幔纬向主动转动力 τ 的方向，加速时自西向东，减速时自东向西。t 和 τ 是水平力的主要力源。

根据上述，地壳水平应力主要产生于地球自转中的惯性作用，故也称惯性应力；地壳铅直应力主要产生于地球自转中的重力作用，故也称重力应力。

惯性应力场是由地球自转引起的地块惯性作用产生的南北向水平力 t 和变速自转引起的地块东西向水平力 τ 造成的。t 在质量不同地块的南北边界产生相互作用的边界力 F_t，并在所论地块中引起南北向体积力 $f_t = \rho\omega^2 r\sin\phi\cos\phi$。$\tau$ 在洋陆地块边界产生相互作用的东西向边界力 F_τ，并在所论地块中引起东西向体积力 $f_\tau = \rho\varepsilon r\cos\phi$。地球自转加速时，$F_t$ 的方向从两极指向赤道，F_τ 的主动方向和 f_τ 的方向向东；地球自转减速时，F_t 的方向仍是从两极指向赤道，因为减速引起的 F_t 增量的绝对值 $|-\Delta F_t| < F_t$，F_τ 的主动方向和 f_τ 的方向向西。因而在地球自转匀速时，$\varepsilon = 0$，则 $F_\tau = f_\tau = 0$，只有由两极向赤道的水平力 F_t 和 f_t 作用；地球自转加速时，F_t 和 f_t 与自西向东的 F_τ 的和 f_τ 之合力方向，在北半球分布在北西角域内，在南半球分布在南西角域内；地球自转减速时，F_t 和 f_t 与自东向西的 F_τ 的和 f_τ 之合力方向，在北半球分布在北东角域内，在南半球分布在南东角域内；由于 F_t 的方向不变，只有 F_τ 改变方向，并且地球自转角速度自古生代以来长趋势减速（图 1.6），在总的减速大趋势下叠加有局部短时间的加速和匀速的小波动（图 1.7），故大趋势是东西向压缩，时而短时段以南北向压缩为主，且东西向作用力大于南北向作用力，因之当地球自转的一种变速趋势的时间长了之后，由于地块间传力机制的充分调整，会逐渐使得 F_t 与 F_τ 的合力方向转向以 F_τ 为主的方向。图 1.8 所示全球大震震源机制解 P 轴方向的分布与地球自转变化趋势的关系，证明了这一点。实验证明，P 轴方向的误差为 $-25° \sim 40°$ 左右，故取统计优势方向是有意义的。P 轴反映的是震源深度的应力状态，是震源体中的平均主压应力方位。

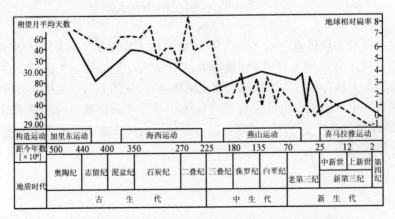

图 1.6　地球自转角速度随时间变化与构造运动规律的关系

（曾秋生，1977，左坐标，实线；戴米尔，1952，右坐标，虚线）

2）**重力应力场的产生**

地块中上覆岩体重力在各深度处产生的应力场，为重力应力场。

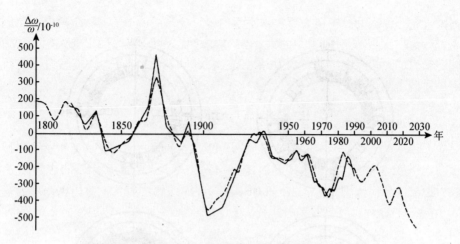

图 1.7　地球自转角速度相对变率年均值随时间变化曲线

（1820~1948 年据 D. Brouwer，1948~1976 年据 223 组，1976 年后据李桂荣）

实线是地球自转角速度相对变率年均值随时间变化天文观测曲线；

虚线是用周期函数逼近实线的拟合曲线及外延

取坐标轴 X、Y 水平，Z 铅直向下。地块中距地表深 D 处单元体上，作用有水平应力 σ_x、σ_y 和铅直应力 σ_z，则其平衡方程为

$$\left.\begin{aligned}
\frac{\partial \sigma_x}{\partial x} + \frac{\partial \tau_{yx}}{\partial y} + \frac{\partial \tau_{zx}}{\partial z} &= 0 \\
\frac{\partial \tau_{xy}}{\partial x} + \frac{\partial \sigma_y}{\partial y} + \frac{\partial \tau_{zy}}{\partial z} &= 0 \\
\frac{\partial \tau_{xz}}{\partial x} + \frac{\partial \tau_{yz}}{\partial y} + \frac{\partial \sigma_z}{\partial z} + f_z &= 0
\end{aligned}\right\} \tag{1.8}$$

式中，体积力

$$f_z = \rho g D$$

ρ 为上覆岩体密度，随深度而变；g 为重力加速度。

在重力应力场中，由 σ_z 引起的二水平正应力 σ_x、σ_y 相等，与 σ_z 有关系

$$\left.\begin{aligned}
\sigma_x = \sigma_y &= \frac{\nu}{1-\nu}\sigma_z \\
\sigma_z &= g\int_0^D \rho\,(D)\,\mathrm{d}D \\
\tau_{zx} &= \tau_{zy} \\
\tau_{xy} &= 0
\end{aligned}\right\} \tag{1.9}$$

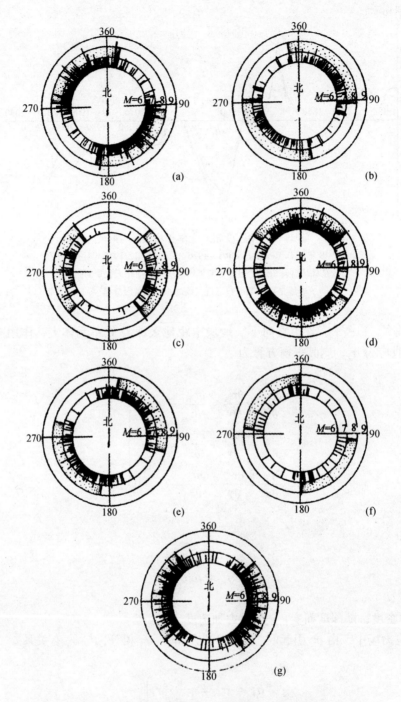

图 1.8 1922～1964 年全球 6 级以上地震震源机制解的震源主压应力
水平分布方向与发震时地球自转角速度变化趋势关系
（a）地球自转加速初期北半球发生的地震；（b）地球自转加速初期南半球发生的地震；
（c）地球自转加速两年以上全球发生的地震；（d）地球自转匀速时全球发生的地震；
（e）地球自转减速初期北半球发生的地震；（f）地球自转减速初期南半球发生的地震；
（g）地球自转减速两年以上全球发生的地震

τ_{zx}、τ_{zy}为二铅直面（z，x）、（z，y）上水平剪切的剪应力；τ_{xy}为水平面（x，y）上水平剪切的剪应力。若上覆岩层较浅，由 n 层密度 ρ_i 和厚度 d_i 的地层组成，则深 D 处的铅直应力

$$\sigma_z = g \sum_{i=1}^{n} \rho_i d_i$$

上覆岩体质量对重力应力的影响表现为 $\sum_{i=1}^{n} \rho_i d_i$，下面质量变化对重力应力的影响表现在 g 中。

在地表的边界条件为

$$D = 0$$
$$\sigma_z = 0$$

σ_z 引起的二水平正应力与 σ_z 之比

$$\frac{\sigma_x}{\sigma_z} = \frac{\sigma_y}{\sigma_z} = \frac{\nu}{1 - \nu} \tag{1.10}$$

ν 为泊松比。此式表明，σ_z 引起的 σ_x、σ_y 皆小于 σ_z，这是在地壳浅层短时间的情况。若在长期构造运动中，即便在地壳浅层也是以蠕变为主，而在深层高温高围压下即便在短时间内也属蠕变过程。因之，泊松比 ν 近于 0.5，于是

$$\frac{\sigma_x}{\sigma_z} = \frac{\sigma_y}{\sigma_z} \approx 1$$

则重力应力成为各向均等的静水压力，相当于围压，称为重力围压。其大小，随深度增加而增大，若上覆岩层密度不变则随深度成线性增大。故此种应力场在一定标高的水平分布，取决于上覆岩层密度的水平分布、地表地形、盖层厚度和岩体水平结构；而其铅直分布则取决于上覆岩层密度的变化、深度和岩体结构。

若岩体力学性质或岩体结构在水平方向呈正交异性，使 $\nu_{zx} \neq \nu_{zy}$，则 σ_z 引起的二水平正应力与 σ_z 之比，各为

$$\frac{\sigma_x}{\sigma_z} = \frac{\nu_{zx}}{1 - \nu_{zx}}$$

$$\frac{\sigma_y}{\sigma_z} = \frac{\nu_{zy}}{1 - \nu_{zy}}$$

得

$$\sigma_x \neq \sigma_y$$

2. 现代应力场分布

有文字记载以来的地震资料、现代火山活动、断层活动观测、地表形变测量和新构造活动观察表明,现代活动构造系统的活动特点是经向、纬向和斜向构造系统都有活动。在距今2000多年来地球自转总的减速趋势下,有短期快慢波动,其所造成的应力场水平最大主压应力方向随之而沿经向和纬向交替变更;深浅层基本应力状态大体一致,但也有差异之处。

震源机制解反映震源深度应力状态,火山和断层活动反映地壳深部信息,地表形变反映浅层应力状态,构造变形从上向下减弱因之也主要反映上层应力状态。

钻孔法测得应力分布:自1932年以来全球几十个国家都进行了钻孔法应力测量,最深达5.1km。20世纪70年代以来,以水力压裂法为主的全球应力测量结果统计如下:水平主应力以压性为主,个别的为张性,铅直主应力为压性的;水平最大主压应力值的统计趋势大于铅直主压应力,个别地区相反(图1.9);铅直主压应力多小于上覆地层压力,或相近,极少略高于上覆地层压力(图1.9、图1.13);水平最大剪应力值的统计趋势大于铅直最大剪应力(图1.10);各水平和铅直主应力分量皆随深度增加而增大(图1.9至图1.12);平均应力 $\sigma = \dfrac{1}{3}(\sigma_H + \sigma_h + \sigma_v)$ 也随深度增加而增大(图1.11);水平最大变形应力 $\sigma_H - \sigma$ 从地表到2km深都有近于零的极小值,2km深以下才开始随深度增加而增大(图1.12);高弹模岩块中、沟谷底下、山脊坡脚的水平压应力较高,断裂带内和山顶的水平压应力较低。

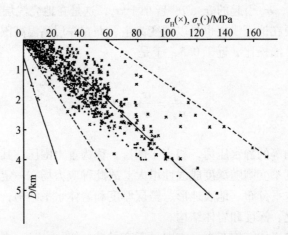

图1.9 全球钻孔法测得的水平最大主压应力(虚线范围)和
铅直主压应力(实线范围)随深度分布

这个统计结果从构造运动的动力上说明了,现今地壳浅层构造运动是以水平运动为主,而深部震源机制解反映的震源断层活动也是以水平运动为主,因之上下层的活动方式是一致的;测到了惯性应力和重力应力的叠加应力,其中惯性应力场的水平分量大于铅直分量,而重力应力场的铅直分量大于水平分量,二者叠加场的总趋势是水平分量大于铅直分量,个别地区相反。因而叠加场作用的总趋势是使断层的走向错动较易于冲断活动;深部断层活动要有较高的应力条件。

当代全球钻孔法应力测量,须注意的基本情况:

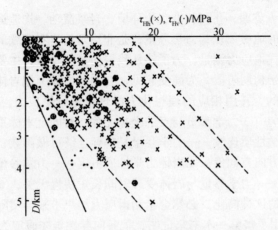

图 1.10　全球钻孔法测得的水平（虚线范围）和铅直（实线范围）
最大剪应力随深度分布

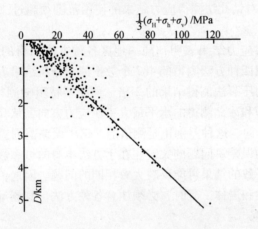

图 1.11　全球钻孔法测得的平均应力 $\sigma = \frac{1}{3}(\sigma_H + \sigma_h + \sigma_v)$ 随深度分布

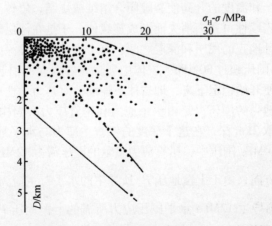

图 1.12　全球钻孔法测得的水平最大变形应力 $\sigma_H - \sigma$ 随深度分布

1) 测量原理引进的误差

岩体是由大量断层、节理、孔洞和由沉积环境、岩浆流动、构造运动造成的有方向性组织结构的岩块共同构成的地质体。其力学参量，是非均匀的、不连续的、各向异性的、不恒定的、有时间性的。当代地应力测量，为了能从浅层向深部发展，主要采用钻孔法。国际上所用各种钻孔法，尚处于初期阶段，为简便起见，在测量原理上把岩体力学性质假定为理想化的，有时甚至是刚性的，并用相应的理想化力学理论来计算应力。其理想化的主要标志为：①岩体力学性质均匀——力学参量与点的坐标无关，对固定坐标系为常量，即各点的力学参量相同；②岩体力学性质连续——力学参量是坐标连续可微函数；③岩体力学性质各向同性——力学参量在各方向有同值；④岩体力学性质恒定——力学参量是不变的常量；⑤岩体力学性质与时间无关——力学参量与岩体受载时间长短快慢无关；⑥有时认为岩体是不变形的刚体。对测量客体的这种简化，必然会给测得应力结果带来与实际岩体应力的偏差。

1983 年 B. Amadei 用了整整一本书来证明，把各向异性岩体假定为各向同性体，仅仅这一点，给钻孔法应力测量带来的误差，在量值上可达 50%～80%；在方向上可达 90°～100%。1983 年 B. C. Haimson 提出，水力压裂法测得应力量值的误差为 50%，套芯法测得应力方向的误差为 70°。这说明，对钻孔法测得应力结果的使用范围须超过二倍中误差，并须用大量测得数据进行统计分析。

全球大量钻孔法测得应力结果表明，同一地区各种方法测得的应力大小和方向相差很大；瑞典、挪威、芬兰用四种方法测得的 487 个数据回归分析结果表明，套芯法所得应力值和随深度分布梯度为水力压裂法测得结果的 2 倍，而在斯特里帕测得的结果则又正好相反；德国、南非、瑞士、法国和冰岛测得的水平最大主压应力方向，从 0～2.5km 深分散在 0°～180°方位，无优势分布趋向。这种差别正是测值的二倍中误差范围。其中有各种方法可靠性不同的影响，也有共同的误差。问题的关键还在于方法本身的可靠性，而不是靠对比各种方法测量结果是否一致，一致的结果可能反映大致相同的问题。因之，当把这些测量结果直接用于地震预测、油气开发和岩体工程时，必须注意各种方法自身测量误差对使用的影响。

2) 岩块中应力的测定

钻孔法应力测量的测点选在理想的岩块中，岩块的周边被裂隙与围岩分割开来，其中的应力因之已被不同程度的释放。因而在低围压的地壳浅层，测的是被释放过的岩块中应力；而在地壳深层，由于围压和温度的升高使裂隙闭合熔结或烧结，岩体不连续性、不均匀性和各向异性程度减弱，不连续性可逐渐消失而渐成连续体，于是在深层岩块中测得的可是没被释放的岩体中应力。这种地壳的浅层和深层之间，有个大致的边界深度。

由图 1.11 可知，当围压超过 30MPa，岩体中裂隙在各取向所引起的应力释放对岩体力学性质在量值上的影响便开始稳定下来，即岩体不连续性对其力学性质的影响开始消除，但各向异性仍然存在。因地壳的围压，是由水平应力和铅直应力共同构成的，其状态是 $\sigma_1 = \sigma_2 = \sigma_3$。在图 1.9 内，取 2km 深，在这个深度的铅直主应力与水平最大主压应力之比平均取为 0.6，循此则在这 30MPa 围压中，铅直应力贡献的围压需占 12MPa，水平应力贡献的围压需占 18MPa。在铅直方向，由于上覆地压 P_v 所导生的水平二主应力 $\sigma_1 = \sigma_2 = \dfrac{\nu}{1-\nu}P_v$，取岩体泊松比 $\nu = 0.27$，则导生 12MPa 水平围压应力所需的上覆地压 $P_v = 32MPa$，从图 1.13 可得，这个地压值相当地壳 2～4km 深。水平应力 σ_1 所导生的水平方向围压 $\sigma_2 = \dfrac{\nu}{1-\nu}\sigma_1$，则导生 18MPa 水平围压应力所需的水平应力 $\sigma_1 = 49$MPa，这个水平应力值相当地壳 2 ～ 2.5km 深（参见《构造应力场》）。这两种深度范围的最低限都是 2km。由此可见，在地壳 2km 深，由 32MPa 上覆地压和 49MPa 水平压力作用下所引起的围压值最低达 30MPa。这是岩体力学性质在量上开始不受裂隙影响的最小深度，超过这个深度，裂隙对岩体力学性质在量值上影响可开始忽略，而视岩体为连续体。此边界深度，称为岩体连续边界，各地可略有不同。类似图 1.11 的实验结果有不少，此图给出的使岩体力学性质在量值上开始不受裂隙影响的围压 30MPa 只是最低限，虽有一定代表性，但还不是世界各地大量岩体综合实验结果，不过所给出的岩性连续性开始稳定深度的上限，仍有重要参考价值。

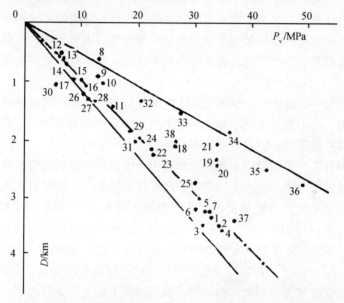

图 1.13　世界各地上覆地压与深度关系（国内外多人结果的综合）

1、2、3、4. 苏阿特湖；5、6. 冬站；7. 维利查耶夫卡；8、9、10. 巴拉卡耶夫；11. 谢利；12、13、14、15、16、17. 加兹里；18. 达特赫；19、20. 伊斯巴思特；21. 卡拉布兰卡；22、23、24. 霍治阿巴得；25. 普列斯诺维亚；26、27、28. 摩洛哥；29、30. 加拿大；31. 高加索；32. 加利福尼亚；33. 印度；34. 特里尼达；35. 伊朗；36. 墨西哥；37. 中国华北

　　地壳岩体连续边界深度以上的岩体，遵从碎块体力学规律；岩体连续边界深度以下的岩体，可开始遵从连续体力学规律，这个可参考的开始深度各地不同，但只是开始，岩体力学性质毫不受裂隙影响而使其连续性十分稳定的深度可能还在这个深度以下。因而，在岩体连续边界深度以上测得的应力为岩块中应力，在岩体连续边界深度以下测得的应力可开始为岩体应力。图 1.12 最大变形应力，在 2km 深度以上出现有近于零的量值，而在 2km 深度以下便开始随深度增加按一定梯度增大，也说明了这一点。

　　地块应力有两个主要来源：一是上覆地压；二是水平惯性作用。当经向、纬向或斜向水平压缩时，都可使垂直于压缩方向的横向裂隙闭合而传力，但平行压缩方向的纵向裂隙则张开，与压缩方向斜交的裂隙则剪切错动。当经、纬向压缩交替进行时，这种闭、张过程便随之交替发生。上覆地压的作用，是使水平裂隙闭合、压密。

被裂隙分割出的岩块中的应力是坐标的函数，取决于岩块的形状、结构、力学性质和边界条件，因而在岩块中测得的应力大小和方向与外围大区应力的关系尚须另加确定。

3）使用时段内的岩性变化

现今构造应力的流动测量所测的是应力绝对大小和方向；定点长期连续观测所测的是定点应力随时间的相对变化量，即两测量时刻所跨时间段内的变化应力状态，这目前主要用于地震预测、岩体工程和油田应力监测。

岩体的变形，是应力、温度、介质等的函数。其中，只有构造变形是构造应力造成的，因而要由应变求应力则属反演问题，其间要通过岩体力学性质来转换，转换过程中由应变与应力之间的物性方程来联系。反演中要消去岩性影响的改正项，因为它会引进误差。这个误差大小与时间和岩性有关。如果使用中岩体的变载荷过程可在瞬时完成则应变是弹性的，在短时完成则应变是弹塑性的，长期完成则应变是蠕变应变。因之，这个变载过程若不影响使用要求则方法是可行的，若超过使用误差要求则不成功。这就是一般由应变求应力的多解性影响。

在绝对应力测量中，必须有个变载过程才能测到应力，变载经过时间所引起的塑性应变对测量结果的影响，若不超过使用中对测量结果误差的要求则测量是可行的，但若超过了使用中对测量结果误差的限制，则这种测量自然是不符合要求的。

在相对应力测量中，变载时间对地震预测则为大震前接连观测的应力异常时间，即在这个应力异常变化过程中引进的误差不应超过地震预测的要求。大震前有几天至几十天的应力异常，也有数月至数年的应力趋势变化，其应变异常量为 $10^{-5} \sim 10^{-6}$。这要求应变灵敏度为 $10^{-7} \sim 10^{-9}$，相应的应力为 $10^{-1} \sim 10^{-2}$MPa。如用固体潮检验应变，则灵敏度须达 10^{-10}，相应的应力为 10^{-3}MPa。岩块蠕变实验的时间以小时计，则应变误差可达 $10^{-5} \sim 10^{-6}$，蠕变应变量已达到了 $10^{-3} \sim 10^{-5}$。若岩块变载时间以月计，则蠕变应变量自然还要超过此范围，其应变误差自然也还要加大。如此，则变为高误差背景下的低变量问题了，并且还要考虑多解性的影响。

三、残余现代应力场异同

1. 残余现代应力场的不同点

（1）残余应力场是岩体经漫长地质时期的缓慢构造运动形成的，受岩体中发生了强塑性变形的结构基质所控制，只要岩石结构不变便可在地质时期内长期保留，不因岩体失去现今应力场的边界载荷而消失，在短期内是稳定场；而现代应力场，在岩体卸去边界载荷后便消失，是不稳定场。因而，将残余应力测量岩样从地壳采下后，由于边界全部自由，其中便无现代应力作用，于是便可测量其中剩下的残余应力。

（2）残余应力场与岩体经长期构造变形形成的后生组构所反映的强塑性形变场，在大小和方向上的分布形态一致，因而构造带中强塑性变形的形式，若没被后来的构造运动所改造，则其中残余应力场的分布形态也不变；若被后来的构造运动所改造，则其中残余应力场的分布形态与最后一场强烈构造运动的分布形态一致；而现代应力场，只有当其分布形式长期不变，才能造成明显的岩石晶粒规则排列的相应后生组构。

（3）残余应力场是自平衡应力系统，当岩块断开后，在二分开表面浅层相互作用的法向残余应力释放掉，而岩块里边和表面浅层平行表面的原样保留，主方向不变；现代应力，与外载荷平衡，岩体裂出新表面后，由于增加了自由边界面而立即大范围重新调整。由于形成了自由表面，使得岩块中此种表面方向的残余应力造成的表面法向泊松效应得以表现出来，而发生表面法向弹性应变，由此才得以测量表面法向和几个斜向弹性正应变，来求平行新表面方向的残余应力；而现代应力，在岩块从地壳采下后，便在各方向很快消失。

（4）对残余应力场，只能用弹性理论表述岩体新表面释放层以里和新表层浅部平行表面方向的静态分布；对现代应力场，则可用弹性理论表示其全部静态分布和动态调整的弹性过程。

（5）由于残余和现代应力场有不同的物理性质、形成机制、空间分布和作用途径，因之虽都是现代构造运动动力，但须对它们进行分别测量和处理。

2. 残余现代应力场的相同点

（1）都同时存在于现代岩体中，构成现代地壳运动的动力。

（2）都是大小按梯度分布的有主方向的势场。

（3）分布都受控于岩体力学性质、受力状态、结构构造、边界形态、物化环境而各有不同的分布形式，在全球非均匀分布，主要与经纬度有关，前者还受岩体新裂面影响而在其表层法向释放，因而在空间分布上都是非独立场。

（4）静态空间分布都可用统一的应力场理论表述。

四、残余现代应力场叠加

两个不同形成时代、不同物理性质、不同成因、不同形成机制而同时存在于一个空间的应力场，常需叠加起来以了解其总的分布和作用。残余应力场和现代应力场都存于现代地壳岩体中，都是地壳现代构造运动的动力，造成岩体的各种力学现象，为方便计须将二者叠加起来构成一个统一的存在于现代地壳中的应力场，用来研究岩体现代的各种力学过程。而在现代形成的应力场中，研究现代构造运动时还须把惯性应力、重力应力和热应力场叠加起来构成统一的现代应力场，在解决岩体工程问题时须把惯性应力和重力应力场叠加起来，在研究油气开发和火山活动时须把惯性应力、重力应力和热应力场叠加起来，在研究岩土干裂问题中须把惯性应力和湿应力场叠加起来。

岩体中应力状态的叠加，遵从张量加法原则。两张量的相应分量相加，得其和张量的相应分量。第一应力场中一点的应力状态，表示为三个主应力 σ'_1、σ'_2、σ'_3；第二应力场在此点的应力状态，表示为三个主应力 σ''_1、σ''_2、σ''_3，则二场叠加后的叠加应力状态的主应力，可用向量表示为

$$\left.\begin{array}{l} \sigma_1 = \sigma'_1 + \sigma''_1 \\ \sigma_2 = \sigma'_2 + \sigma''_2 \\ \sigma_3 = \sigma'_3 + \sigma''_3 \end{array}\right\} \tag{1.11}$$

取坐标系 $0-xyz$ 的 (x, y) 面水平，z 轴铅直向上，y 轴向北。则第一应力场中一点的主应力 σ'_1、σ'_2、σ'_3 各沿 x、y、z 轴的分量为 x'_1、y'_1、z'_1；x'_2、y'_2、z'_2；x'_3、y'_3、z'_3。于是，此场中该点的主应力可用向量表示为

$$\left.\begin{array}{l} \boldsymbol{\sigma}'_1 = x'_1\boldsymbol{i} + y'_1\boldsymbol{j} + z'_1\boldsymbol{k} \\ \boldsymbol{\sigma}'_2 = x'_2\boldsymbol{i} + y'_2\boldsymbol{j} + z'_2\boldsymbol{k} \\ \boldsymbol{\sigma}'_3 = x'_3\boldsymbol{i} + y'_3\boldsymbol{j} + z'_3\boldsymbol{k} \end{array}\right\} \tag{1.12}$$

$\boldsymbol{i}$、$\boldsymbol{j}$、$\boldsymbol{k}$ 是 x、y、z 方向的单位向量。同样，第二应力场中此点的主应力，可用向量表示为

$$\left.\begin{array}{l} \boldsymbol{\sigma}''_1 = x''_1\boldsymbol{i} + y''_1\boldsymbol{j} + z''_1\boldsymbol{k} \\ \boldsymbol{\sigma}''_2 = x''_2\boldsymbol{i} + y''_2\boldsymbol{j} + z''_2\boldsymbol{k} \\ \boldsymbol{\sigma}''_3 = x''_3\boldsymbol{i} + y''_3\boldsymbol{j} + z''_3\boldsymbol{k} \end{array}\right\} \tag{1.13}$$

将式 (1.12) 和式 (1.13) 代入式 (1.11)，得

$$\left.\begin{array}{l} \boldsymbol{\sigma}_1 = (x'_1 + x''_1)\boldsymbol{i} + (y'_1 + y''_1)\boldsymbol{j} + (z'_1 + z''_1)\boldsymbol{k} \\ \boldsymbol{\sigma}_2 = (x'_2 + x''_2)\boldsymbol{i} + (y'_2 + y''_2)\boldsymbol{j} + (z'_2 + z''_2)\boldsymbol{k} \\ \boldsymbol{\sigma}_3 = (x'_3 + x''_3)\boldsymbol{i} + (y'_3 + y''_3)\boldsymbol{j} + (z'_3 + z''_3)\boldsymbol{k} \end{array}\right\} \tag{1.14}$$

则得

$$\left.\begin{array}{l} \sigma_1 = \sqrt{(x'_1 + x''_1)^2 + (y'_1 + y''_1)^2 + (z'_1 + z''_1)^2} \\ \sigma_2 = \sqrt{(x'_2 + x''_2)^2 + (y'_2 + y''_2)^2 + (z'_2 + z''_2)^2} \\ \sigma_3 = \sqrt{(x'_3 + x''_3)^2 + (y'_3 + y''_3)^2 + (z'_3 + z''_3)^2} \end{array}\right\} \tag{1.15}$$

σ_1 在 (x, y) 面上投影与 x 轴的夹角 θ_1 为 σ_1 的倾向，σ_1 与 z 轴的夹角为其倾角 α_1，则由式 (1.14) 可得

$$\left.\begin{array}{l} \theta_1 = \cos^{-1}\left[\dfrac{x'_1 + x''_1}{\sqrt{(x'_1 + x''_1)^2 + (y'_1 + y''_1)^2}}\right] \\[4mm] \alpha_1 = \cos^{-1}\left(\dfrac{z'_1 + z''_1}{\sigma_1}\right) \end{array}\right\} \tag{1.16}$$

同理，得 σ_2、σ_3 的倾向和倾角，依次为

$$\left.\begin{array}{l} \theta_2 = \cos^{-1}\left[\dfrac{x'_2 + x''_2}{\sqrt{(x'_2 + x''_2)^2 + (y'_2 + y''_2)^2}}\right] \\[4mm] \alpha_2 = \cos^{-1}\left(\dfrac{z'_2 + z''_2}{\sigma_2}\right) \end{array}\right\} \tag{1.17}$$

$$\left.\begin{array}{rl} \theta_3 &= \cos^{-1}\left[\dfrac{x'_3 + x''_3}{\sqrt{(x'_3 + x''_3)^2 + (y'_3 + y''_3)^2}}\right] \\[4mm] \alpha_3 &= \cos^{-1}\left(\dfrac{z'_3 + z''_3}{\sigma_3}\right) \end{array}\right\} \tag{1.18}$$

因

$$x'_i = \sigma'_i \cos(\sigma'_i, x)$$
$$y'_i = \sigma'_i \cos(\sigma'_i, y)$$
$$z'_i = \sigma'_i \cos(\sigma'_i, z)$$
$$x''_i = \sigma''_i \cos(\sigma''_i, x)$$
$$y''_i = \sigma''_i \cos(\sigma''_i, y)$$
$$z''_i = \sigma''_i \cos(\sigma''_i, z)$$

$i = 1$、2、3，等号右边都是已知量，代入式（1.15）可求得叠加应力状态的主应力值 σ_1、σ_2、σ_3；代入式（1.16）至式（1.18）可求得叠加应力状态的主应力方向 (θ_1, α_1)、(θ_2, α_2)、(θ_3, α_3)。由此，可得叠加应力场中各主应力等值线图和主应力线图。

第二节 岩体内应力场特征

一、岩体内应力场是残余和现代应力叠加场

残余应力场，是古应力场残留至今的残余场，存在于现代地壳岩体中；在中国西南部、华北地区和辽河平原的量值较高，多高于同点的现代应力，最高者达十几倍；受控于岩体基质结构，只要岩石结构不变便在其中长期保留，不因岩体失去现代边界载荷而消失，若岩石结构改变便随之而变，与地区岩体最后一场强塑性变形的形式一致，因而是地区岩体最后一场强烈构造运动应力场的残余场；岩体出现新裂面时，只有新表面浅层的法向正应力释放掉，其余部分的大小和方向不变；随岩体机械振动和高温退火而消弱或消失；推动岩体构造运动。

现代应力场，是现代产生的应力场，存在于现代地壳岩体中；量值多低于同点的残余应力；形成和消失受控于现代应力场的各种成因；大小和方向分布随岩体的断裂构造、形态地形、力学性质、外力作用和组织结构的影响而变；推动岩体构造运动。

残余和现代应力场，虽有不同形成原因、不同物质性质、不同形成时代、不同分布形式和不同消失途径，但都存在于现代地壳岩体中，因而实际上是叠加在一起，共同造成现代地壳运动，是现代地壳运动的动力。可见，岩体内的应力场是残余和现代应力场的叠加场。

二、岩体内应力场是按照梯度分布的梯度场

岩体中一点的应力可用二阶对称张量 S 表示，故应力场是此种张量场。岩体中点 $P(x, y, z)$ 的应力张量

$$S = \begin{bmatrix} \sigma_x & \tau_{yx} & \tau_{zx} \\ \tau_{xy} & \sigma_y & \tau_{zy} \\ \tau_{xz} & \tau_{yz} & \sigma_z \end{bmatrix}$$

可表示为坐标轴向的三个应力向量

$$S_x = \sigma_x \boldsymbol{i} + \tau_{yx} \boldsymbol{j} + \tau_{zx} \boldsymbol{k}$$
$$S_y = \tau_{xy} \boldsymbol{i} + \sigma_y \boldsymbol{j} + \tau_{zy} \boldsymbol{k}$$
$$S_z = \tau_{xz} \boldsymbol{i} + \tau_{yz} \boldsymbol{j} + \sigma_z \boldsymbol{k}$$

其合向量

$$S = S_x + S_y + S_z$$

岩体中点 $P(x, y, z)$ 的位移 $\mathrm{d}\boldsymbol{r}$ 在坐标轴上的三个分量为 $\mathrm{d}x$、$\mathrm{d}y$、$\mathrm{d}z$，则位移向量

$$\mathrm{d}\boldsymbol{r} = \mathrm{d}x\boldsymbol{i} + \mathrm{d}y\boldsymbol{j} + \mathrm{d}z\boldsymbol{k}$$

二式数性积，为

$$S\mathrm{d}r = S_x\mathrm{d}x + S_y\mathrm{d}y + S_z\mathrm{d}z$$

此为某一函数 ψ 的全微分，则有

$$-\mathrm{d}\psi = S_x\mathrm{d}x + S_y\mathrm{d}y + S_z\mathrm{d}z$$

但

$$-\mathrm{d}\psi = \frac{\partial\psi}{\partial x}\mathrm{d}x + \frac{\partial\psi}{\partial y}\mathrm{d}y + \frac{\partial\psi}{\partial z}\mathrm{d}z$$

将此二式相加，得

$$\left(S_x + \frac{\partial\psi}{\partial x}\right)\mathrm{d}x + \left(S_y + \frac{\partial\psi}{\partial y}\right)\mathrm{d}y + \left(S_z + \frac{\partial\psi}{\partial z}\right)\mathrm{d}z = 0$$

因 x、y、z 是独立变数，故上式中 $\mathrm{d}x$、$\mathrm{d}y$、$\mathrm{d}z$ 前的系数必是零。因而，有

$$S_x = -\frac{\partial \psi}{\partial x} \\ S_y = -\frac{\partial \psi}{\partial y} \\ S_z = -\frac{\partial \psi}{\partial z} \Bigg\}$$

得

$$S = -\frac{\partial \psi}{\partial x}\boldsymbol{i} - \frac{\partial \psi}{\partial y}\boldsymbol{j} - \frac{\partial \psi}{\partial z}\boldsymbol{k} = -\mathrm{grad}\psi$$

则 ψ 为应力场中应力 S 的势。因之，应力场是势场，场强按梯度 $\mathrm{grad}\psi$ 分布，故也称梯度场。

构造应力场场强的值，等于等势面的梯度值。因

$$\mathrm{grad}\psi = \frac{\partial \psi}{\partial n}\boldsymbol{n}$$

$\boldsymbol{n}$ 为指向势 ψ 增加方向的等势面法线。可见，此梯度是势的增加速度，而且 $S /\!/ \boldsymbol{n}$。可知，场中各点应力向量 S 的方向垂直各点的等势面，指向降势方向。因而，场中线上各点的切向与点的应力向量 S 方向一致的曲线，为应力线。则知，应力线与等势面正交。由于应力线元 $\mathrm{d}l /\!/ S$，故它们的坐标分量成比例，而有

$$\frac{\delta x}{S_x} = \frac{\delta y}{S_y} = \frac{\delta z}{S_z}$$

将其分成二联立常微分方程

$$\frac{\delta x}{\delta z} = \frac{S_x}{S_z}$$

$$\frac{\delta y}{\delta z} = \frac{S_y}{S_z}$$

其积分形式，为

$$f_1(x, y, z) = C_1$$
$$f_2(x, y, z) = C_2$$

此即应力线方程。C_1、C_2 为积分常数。在 $\tau_{xy} = \tau_{yz} = \tau_{zx} = 0$ 时，此为主正应力线方程；在

$\sigma_x = \sigma_y = \sigma_z = 0$ 时，此为主剪应力线方程。场中，连续渐变的同性应力线组成的曲面，为应力面。应力线、等势面、应力面，只始于和终于连续岩体的边界面，而在连续岩体内连续分布，只在各向同性点处改变性质。因而这就提出了，要处理好非连续岩体中的缝隙影响问题和建立"碎块体力学"的重要性。

因为构造应力场是势场，故有以下性质：

（1）构造应力场所做之功等于岩体中质点运动的始点和终点势能之差，只与质点所经路线的始点和终点的位置有关，而与质点所经过途径和路线形状无关。若始点与终点重合，则得场中应力向量的环动为零。因之，沿纬线方向绕全球一周的应力和为零，可见沿纬线方向若一处有压力，则它处必有反向张力，而使其绕地球一周所做之功的总和为零。由此可知：走向沿经线方向的构造带，若有压性的，则亦必有张性的；全球形成由张、压性构造带组成的以两极为对称中心的全球性辐射状构造；若低纬度有走向沿纬线方向的压性构造带，则近极区必有南北向的张伸构造运动；全球性巨型构造体系，有沿经、纬向分布的特点。

（2）应力向量在场内一点的散度 $\mathrm{div}S$，是主动应力 S 过围绕此点的任一闭合面 A 的通量与 A 面所包体积 ΔV 之比在 ΔV 逼近于零时的极限：

$$\mathrm{div}S = \lim_{\Delta V \to 0} \frac{\phi S_n \mathrm{d}A}{\Delta V} = \lim_{\Delta V \to 0} \frac{\phi \boldsymbol{n} \cdot S \mathrm{d}A}{\Delta V}$$

$\mathrm{div}S$ 与坐标系的选择无关，具有在转换坐标轴时的不变性。取张应力为正，压应力为负，则在压应力为主的各向同性点部位，

$$\phi \boldsymbol{n} \cdot S \mathrm{d}A < 0$$

则可形成圆转型构造；在张应力为主的各向同性点部位，

$$\phi \boldsymbol{n} \cdot S \mathrm{d}A > 0$$

由此才得以形成在地球两极水平各向张伸并压向赤道的应力状态，形成以两极为对称中心的全球性纬向环状构造带。

（3）各应力场叠加时的叠加应力势，为各分应力势的代数和。因而，各势场的叠加，还是一个势场。故构造应力场适合叠增和抵消原理，同向同性应力叠增，同向异性应力抵消。

由于残余应力场和现代应力场都是梯度场，故其叠加场还是梯度场。可见，地壳岩体内的应力场是按照梯度分布的梯度场。

三、岩体内应力场是受控于环境的非独立场

岩体受外力作用产生的应力场，是以波的形式按有限速度从岩体的一部分传至另一部分。在这过程中，应力场作用于岩体，岩体又作用于应力场。因之应力场的传播和分布也必然取决于岩体力学性质。这说明，影响岩体力学性质的物化环境、受力状态和组织结构等因

素，必然也是影响应力场的因素。

应力在传播过程中，岩体要依次经过应力作用的循环、变形和断裂，由于克服内摩擦和塑性变形功的消耗而不断衰减。应力所做的应变功是各体积元 dV 应变功的总和

$$\iiint W \mathrm{d}V = \iiint \left(\int_0^{e_s} \sigma_s \mathrm{d}e_s + \frac{1}{2} K \vartheta^2 \right) \mathrm{d}V$$

σ_s、e_s 是应力强度和应变强度。可见，应力场做功的衰减量相当可观，并取决于岩体力学性质，特别是受岩体断裂构造、形态地形、外力作用等的重要影响。

残余应力场和现代应力场，都并非全球均匀分布，而是受控于经纬度。场中应力是坐标的单值、连续、可微函数。

地块在一定边界条件下形成的构造应力场，与区内的断裂构造、地形分布、所受外力和岩体性质有关。了解这些因素对构造应力场分布的影响规律，是分析地区应力场的重要基础；有助于正确地使用应力场观测、实验和计算结果；科学地指导应力观测台网的建设布局和流动测量的设计；减除局部影响以确定地区应力分布的总形式；逐步地推求地块的边界条件和构造应力场的动力来源；改变这些影响因素来调整应力场使其向有利的应力状态转变。

1. 断裂

1）断裂状态

计算、实验和测量结果表明，地块中断裂的形态影响水平构造应力场大小和方向的分布形式：直立断层使水平应力场在端点附近应力集中，随远离断层而减小并趋近于原基本应力场；两盘错动的前方为压应力区，后方为张应力区，它们对断层成反对称四象限分布；应力分布的这种不均匀性随深度增大而减弱；断层中段应力较低；断层内的应力比两盘显著降低；三个主应力随深度成线性增加；三个主轴与铅直线和水平面稍有偏离，这种偏离随深度增加而减小；近断层处主应力线发生偏转，最大转角当断面近自由表面时，重直断面，可达 90°，远离断层则按区域应力场分布；水平应力集中系数，按断层锁结点、端点附近、交叉区、弯折处的顺序，依次降低；断层锁结处水平最大主应力的集中系数，按 Y 形、带形、半锁 X 形、全锁 X 形、人字形、雁行形的顺序，依次降低；水平最大剪应力集中系数的递降次序为 Y 形、带形、全锁 X 形、人字形、半锁 X 形、雁行形；断层的存在，对水平应力大小和方向的影响，随远离断层而减小，并逐渐趋近于无断层的基本应力场分布状态。

2）断裂产状

地块中断裂产状影响水平应力场的分布：断裂走向决定应力集中带的方位和主应力线在断裂附近的分布形态；断层倾角改变时，水平最大主应力、最小主应力和最大剪应力在各深度水平面上的分布形式相似，断层二端点附近仍呈现应力集中，水平最大主应力高低变化部位仍对断层成反对称四象限分布；断层对应力高低分布的影响范围随倾角减小而增大；不同倾角的这种局部影响随远离断层而衰减；各深度水平面上最大主应力的最高值区位于下盘的一端点附近，其值随倾角增大和深度增加而上升；最大主应力的次高值区位于上盘另一端点附近，其值随倾角增加而增大；最大剪应力在断裂端点附近的最高值区，在上盘，随倾角增加而增大，随深度增加而减小；主应力线方向可随断层倾角变化改变 120°，随深度改变 90°。

3）裂面摩擦

裂面错动摩擦实验证明：直立断层面上各段的摩擦系数不相同时，两盘水平最大和最小主应力均随裂面摩擦系数增加而增大；断面上无走向方向剪应力而只有法向压应力时，水平主压应力线过此断层时皆正交而过；断面上有水平压应力作用时，水平主压应力线过此断层时，在摩擦系数高的区段几乎不改变方向按原向通过，而在摩擦系数低的区段则与裂面交成锐角通过，此交角随摩擦系数减小而增大，摩擦系数趋近于零时，即裂面接近自由表面，则此交角趋近于90°。

4）断裂错动

岩体中矩形斜断层沿走向错动时地面上附加应力场的特点：水平最大主应力的张应力区大于压应力区，对断层成反对称分布；水平最小主应力的张应力区小于压应力区，对断层成反对称分布；倾角减小，它们在上盘的分布范围扩大，在下盘的范围缩小；水平最大剪应力在两端的一定角域内上升，倾角近90°时升降区对断层及其中垂线成对称分布，倾角减小只对断层中垂线成对称分布，且在上盘的范围扩大在下盘的范围减小。

矩形斜断层沿倾向错动时地面上附加应力场的特点：水平最大主应力都是张性的，对断层中垂线对称分布；水平最小主应力也对断层中垂线对称分布，倾角近90°时都是压应力，随倾角减小外围出现压应力区；平均主应力在上盘有张应力区，在下盘有压应力区，对断层中垂线对称分布；水平最大剪应力正、负区相间分布，对断层对称，倾角减小时随之减弱；远离断层则趋于原基本应力场。

断层中段锁结，相当于二共线断层端部汇而不交。水平错动时，引起的水平最大主应力、最小主应力和最大剪应力分布形态，相当于二断层应力场沿走向的水平连接；在各深度的分布形态均相似；中部锁结段的应力集中系数高于下端的。

5）断裂延裂

板形岩体中一长 $2a$ 尖端曲率半径近于零的裂缝，受与走向成 β 角的压应力 σ_1 作用而成压剪性裂缝，尖端产生水平应力场

$$\sigma_r = \frac{1}{\sqrt{2\pi r}}\cos\frac{\theta}{2}\left[K_{\text{I}}\left(1 + \sin^2\frac{\theta}{2}\right) + K_{\text{II}}\left(\frac{2}{3}\sin\theta - 2\tan\frac{\theta}{2}\right)\right]$$

$$\sigma_\theta = \frac{1}{\sqrt{2\pi r}}\cos\frac{\theta}{2}\left[K_{\text{I}}\cos^2\frac{\theta}{2} - \frac{3}{2} + K_{\text{II}}\sin\theta\right]$$

$$\tau_{r\theta} = \frac{1}{\sqrt{2\pi r}}\cos\frac{\theta}{2}\left[K_{\text{I}}\sin\theta - K_{\text{II}}(1 - 3\cos\theta)\right]$$

式中，θ 为各点的位置向量 r 与断裂的夹角。

$$K_{\text{I}} = -\sigma_1\sin^2\beta \cdot \sqrt{\pi a}$$

$$K_{\text{II}} = -\sigma_1\sin\beta\cos\beta \cdot \sqrt{\pi a}$$

延裂后，水平最大剪应力仍在断裂端部集中；延裂产生了应力降；主应力线在断裂两盘成最

大约达 45°的转角。

2. 地形

1）圆顶和圆洼

成圆顶地形的岩体，在水平均匀压力下形成的应力场中，水平压应力集中系数在圆顶周边处最大，向深处变小，也向圆顶顶部减小，在顶部最小；铅直正应力，在圆顶周边为压性的，向深处变小，在圆顶顶部为零，顶的下部为正。

成圆顶地形岩体，在重力作用下形成的应力场中，水平正应力集中系数在周边为最大正值，向下减小，并变为负；铅直正应力等值线平行地表，向下增大，远离则渐近基本正应力场。

成圆洼地形岩体，在水平均匀压力下形成的应力场中，水平最小主应力只在洼坡上为张性的，其余皆为压性的；洼底曲率半径越小，张应力区越厚；压应力在洼底中心集中，向下变小，洼底中心的高应力值随洼深与洼底曲率半径比的增加而增大；主压应力线在圆洼附近向洼底方向偏转，向深部则趋近水平分布；洼底中心水平最小主应力集中系数，与洼深对洼底曲率半径比，有线性关系；这种附加应力场，远离圆洼消减，渐趋原基本应力场。

上述说明，在研究区域基本应力场时，必须减去局部地形在地壳浅层造成的附加应力场的影响；而在小区工程范围内，局部附加应力场的分布形态对工程选址、设计、施工和使用则十分重要；为提高地应力测量精度，还可将测点原水平地表凿成圆洼形，来提高测点应力值，可达 10 倍，便于测量，在洼底中心测量后，再将测值换算为原水平地形时的常态应力值。

2）山脊和沟谷

山脊和沟谷是长条形凸凹地形。

山脊在横向水平压力作用下，铅直横剖面上的水平和铅直正应力及剪应力均在山脊侧坡集中，山脚的集中系数最高；水平正应力从下向脊顶减小；铅直正应力在脊顶为零。

沟谷在横向水平压力作用下，铅直横剖面上的水平和铅直正应力及剪应力均在沟谷底部集中；水平压应力从谷底向下减小；铅直压应力从谷底向下增大后复又减小；剪应力从谷底向下减小。

山脊在重力作用下产生的水平压应力在脊顶最小，向两侧和向下增大，等值线向深层渐趋水平；山脊对重力引起的水平正应力的作用与对边界水平压力引起的水平正应力的作用相似，都是减弱脊顶横向水平压应力，使两侧坡脚横向水平压应力集中。

山脊在横向水平压力和重力联合作用下，脊顶出现横向水平张应力；山脊越陡脊顶水平压应力越小，从两侧向坡底增加，并向深层增大，等值线渐趋水平。可见，山脊的存在，减弱脊顶横向水平压应力，并可在脊顶出现横向水平张应力，但两侧坡底横向水平压应力则集中。

沟谷在重力作用下，水平压应力向谷底并从地表向下增大；沟谷对重力引起的水平正应力的作用与对边界水平压力引起的水平正应力的作用相似，都是增大谷底横向水平压应力，使两侧横向水平压应力减小。

直谷在横向水平压力作用下，谷底的横向水平压应力集中系数，与谷深对谷底曲率半径比的平方根，有线性关系。

沟谷在横向水平压力和重力联合作用下所生应力场中的水平正应力，在地表为张性的，向下变为压性的，等值线渐趋水平，沟谷越陡，谷底主压应力和主张应力的应力集中系数越大，前一种外力作用时造成横向水平压应力在谷底集中，后一种外力作用时造成横向水平张应力在谷底集中。沟谷的存在，增大谷底横向水平压应力，减弱两侧横向水平压应力。

山脊和沟谷在横向水平压力和重力联合作用下，铅直横剖面上主正应力线分布中，前者脊下有个联锁式各向同性点，后者谷下有个星芒式各向同性点（参见《构造应力场》，1992，地震出版社）。

3）斜坡和直壁

斜坡，在横向水平压力下所生应力场中的水平压应力，在坡底集中，向深层和沿坡侧向上减小；铅直张应力亦在坡底集中，远离坡底和向下减小，并变为压应力；主压应力线平行斜坡向下偏转，过坡底又变为水平，向深层渐趋水平状。

斜坡，在重力作用下所成应力场中的主压应力线，在斜坡附近从铅直往平行斜坡方向偏转，到坡底成倾斜状。

直壁，在横向水平压力下所生的水平压应力，在壁脚集中，向深层和向上减小，并向直壁变为张应力；铅直张应力在壁下集中，向直壁和远处减小，并向下变为压应力。

直壁，在重力作用下所生的水平压应力，在壁下集中，向上减小，向深部增加；铅直压应力亦在壁下集中，向下增加，向上减小后在壁面和壁顶变为张应力；铅直横剖面上的最大剪应力也在壁下集中，向下增大，向上和水平远离壁底而减小；铅直主压应力线，从平行壁面向壁角偏转，过壁底后向水平远离壁角方向转成倾斜状。

4）连续山谷

连续山谷，在重力作用下所生的重力应力场中，铅直主压应力从山顶的最小值向深层增加，向谷底增大；主压应力方向，从山顶一直向下铅直分布，在两侧平行斜坡至谷底后逐渐转向铅直方向。

总的说来，地表地形影响地壳浅层应力等值线分布和主应力线形状，向深层和远处这种局部影响逐渐减弱而趋近于区域基本应力场。

3. 外力

1）外力大小

含直立单断裂的地块，受水平单向均匀压力或水平单向随深度线性增加的压力或水平双向随深度线性增加的压力三种外力作用，各深度水平面上的水平最大和最小主应力及最大剪应力等值线的分布形式基本不变。当三种外力各增加一倍时，断裂周围应力场的分布形式仍基本不变，但水平最小主应力和最大剪应力各增加一倍，水平最大主应力则增加三倍，并随深度成线性增大。主应力方向在断裂附近偏离水平面和铅直线的角度，随深度增加而变小。

含与单向压力成30°角裂缝的大理岩岩体，随压力增加裂缝附近最大剪应力分布形式基本不变，但大小上升，端部邻域的应力集中系数也上升。边界压力增至37.8MPa时，声发射率骤增，岩体微裂开始大量发生，原裂缝端部的环状最大剪应力等值线变为开口的尖锥状。边界压力再增大，裂缝附近最大剪应力及端部邻域的应力集中系数继续上升。边界压力增至66.1MPa时，裂缝发生转向压力方向的延裂，同时压应力降到61.6MPa，出现4.5MPa的应力降，裂缝周围的最大剪应力值均随之下降。边界压力再上升到71.2MPa时，裂缝又发生一次延裂，同时压应力降到69MPa，发生2.2MPa的应力降。

2）外力方向

含一走向东西向南倾角 60°断层的地块，受南北边界大小不变方向与断层走向成不同夹角 α 的均匀压力作用，所成各深度水平应力场中，最大、最小主应力和最大剪应力的分布形态，均随边界压力方向而变：α 小于 70°时，各深度应力的高值区和低值区移在断层端部邻域对断层成反对称分布；α 为 10°左右时，最大剪应力分布对断层中垂线对称；α 近 90°时，张应力高值区和压应力低值区移至断层中段，且各深度各种应力的分布均对断层中垂线对称；随 α 的增大，张应力区缩小，压应力区扩大；三种主应力随 α 的变化量比随深度的变化量大，最大约大一个数量级以上；下盘主张应力和主压应力均随深度增加而增大，上盘相反随深度增加而减小；断层端部邻域高值区的衰减梯度很大以致离断层不远便降为低值区，断层附近都有应力低值稳定区；α 在 30° ~ 60°，最大剪应力变化最大。

3）外力方式

岩体中含一长 $2a$ 中点为坐标原点走向顺 x 轴的直立裂缝，从 x 轴水平反时针至主轴 1 的夹角为 α，在主轴 1、2 方向作用有均匀力 P_1、P_2 使裂缝错动，在岩体水平面 (x, y) 上产生应力场

$$
\left.
\begin{aligned}
\sigma_x + \sigma_y &= P_1 + P_2 \\
\sigma_x - \sigma_y &= (P_1 - P_2)\cos 2\alpha \\
\tau_{xy} &= \frac{P_1 - P_2}{2}\sin 2\alpha
\end{aligned}
\right\}
\tag{1.19}
$$

水平面上最大主应力

$$
\sigma_1 = \frac{\sigma_x + \sigma_y}{2} + \sqrt{\left(\frac{\sigma_x - \sigma_y}{2}\right)^2 + \tau_{xy}^2}
$$

最大剪应力

$$
\tau_M = \sqrt{\left(\frac{\sigma_x - \sigma_y}{2}\right)^2 + \tau_{xy}^2}
$$

取岩体参量

$$
K' = \frac{3 - \nu'}{1 + \nu'}
$$

ν' 为变形泊松比。岩体在 x、y 方向的位移为 u、v，裂缝处发生平行和垂直裂缝的切向位移间断 $\Delta u = U$ 和法向位移间断 $\Delta v = V$，在 $2a$ 上是常量，在 x 轴的其他部位为零，这相当于裂缝发生剪裂和张裂。

裂缝发生剪裂时，有切向位移间断，在点 $P(x, y)$ 有

$$\sigma_x + \sigma_y = \frac{4G'U}{\pi(K'+1)}\left(-\frac{1}{r_1}\sin\theta_1 + \frac{1}{r_2}\sin\theta_2\right)$$

$$\sigma_x - \sigma_y = \frac{4G'U}{\pi(K'+1)}\left(-\frac{1}{r_1}\sin\theta_1 + \frac{1}{r_2}\sin\theta_2\right) + \left(-\frac{1}{r_1^2}\cos2\theta_1 + \frac{1}{r_2^2}\cos2\theta_2\right)$$

$$\tau_{xy} = \frac{2G'U}{\pi(K'+1)}\left[\frac{1}{r_1}\cos\theta_1 - \frac{1}{r_2}\cos\theta_2 + y\left(-\frac{1}{r_1^2}\sin2\theta_1 + \frac{1}{r_2^2}\sin2\theta_2\right)\right]$$

r_1、r_2 为 P 点与裂缝 $+\alpha$ 端和 $-\alpha$ 端的距离，各与 x 轴夹角为 θ_1、θ_2，从 x 轴起反时针为正。

裂缝发生张裂时，有法向位移间断，在点 $P(x, y)$ 有

$$\sigma_x + \sigma_y = \frac{4G'V}{\pi(K'+1)}\left(\frac{1}{r_1}\cos\theta_1 - \frac{1}{r_2}\cos\theta_2\right)$$

$$\sigma_x - \sigma_y = \frac{4G'V}{\pi(K'+1)}y\left(-\frac{1}{r_1^2}\sin2\theta_1 + \frac{1}{r_2^2}\sin2\theta_2\right)$$

$$\tau_{xy} = \frac{4G'V}{\pi(K'+1)}y\left(\frac{1}{r_1^2}\cos2\theta_1 - \frac{1}{r_2^2}\cos\theta_2\right)$$

（1）缝端附近应力场。

令 $r_2 = \infty$，取 U、V 的向量和为 D，从 U 反时针至 D 的夹角为 φ，则得切向和法向位移间断引起的裂缝右端附近叠加应力场

$$\sigma_x + \sigma_y = \frac{4G'D}{\pi(K'+1)r_1}\sin(\theta_1 - \varphi)$$

$$\sigma_x - \sigma_y = -\frac{4G'D}{\pi(K'+1)r_1}\cos(\theta_1 - \varphi)\sin2\theta_1$$

$$\tau_{xy} = \frac{2G'D}{\pi(K'+1)r_1}\cos(\theta_1 - \varphi)\cos2\theta$$

由之得

$$\sigma_1 = \frac{2G'D}{\pi(K'+1)r_1}[\,|\cos(\theta_1 - \varphi)| - \sin(\theta_1 - \varphi)\,]$$

$$\tau_M = \frac{2G'D}{\pi(K'+1)r_1}|\cos(\theta_1 - \varphi)|$$

（2）自由裂面应力场。

裂面为自由面，则其两盘有

$$\left.\begin{aligned}
\sigma_y &= \frac{P_1 + P_2}{2} - \frac{P_1 - P_2}{2}\cos2\alpha - \frac{2G'V}{(K'+1)a} = 0 \\
\tau_{xy} &= \frac{P_1 - P_2}{2}\sin\alpha - \frac{2G'U}{(K'+1)a} = 0
\end{aligned}\right\} \qquad (1.20)$$

裂缝发生剪裂时，有

$$
\left.
\begin{aligned}
\sigma_x + \sigma_y &= \frac{4G'Ur}{(K'+1)a\sqrt{r_1 r_2}}\sin\left(\theta - \frac{\theta_1 + \theta_2}{2}\right) \\
\sigma_x - \sigma_y &= \frac{4G'U}{(K'+1)a}\left[\frac{r}{\sqrt{r_1 r_2}}\sin\left(\theta - \frac{\theta_1 + \theta_2}{2}\right) - \frac{a^2 r}{\sqrt{r_1 r_2}^{\,3}}\sin\theta\cos\frac{3(\theta_1 + \theta_2)}{2}\right] \\
\tau_{xy} &= \frac{2G'U}{(K'+1)a}\left[-1 + \frac{r}{\sqrt{r_1 r_2}}\cos\left(\theta - \frac{\theta_1 + \theta_2}{2}\right) - \frac{a^2 r}{\sqrt{r_1 r_2}^{\,3}}\sin\theta\sin\frac{3(\theta_1 + \theta_2)}{2}\right]
\end{aligned}
\right\} \quad (1.21)
$$

裂缝发生张裂时，有

$$
\left.
\begin{aligned}
\sigma_x + \sigma_y &= \frac{4G'V}{(K'+1)a}\left[-1 + \frac{r}{\sqrt{r_1 r_2}}\cos\left(\theta - \frac{\theta_1 + \theta_2}{2}\right)\right] \\
\sigma_x - \sigma_y &= \frac{4G'V}{(K'+1)a}\left[-\frac{a^2 r}{\sqrt{r_1 r_2}^{\,3}}\sin\theta\sin\frac{3(\theta_1 + \theta_2)}{2}\right] \\
\tau_{xy} &= \frac{2G'V}{(K'+1)a}\left[\frac{a^2 r}{\sqrt{r_1 r_2}^{\,3}}\sin\theta\cos\frac{3(\theta_1 + \theta_2)}{2}\right]
\end{aligned}
\right\} \quad (1.22)
$$

r、θ 为极坐标。此时的应力场，为在式（1.20）条件下，式（1.19）、式（1.21）、式（1.22）三个场的叠加场。

（3）错动裂面应力场。

在垂直裂面方向无位移，因之张应力不起作用，只有水平剪应力起作用。

当裂面上剪应力为零时，应力场为在

$$
\tau_{xy} = \frac{P_1 - P_2}{2}\sin 2\alpha - \frac{2G'U}{(K'+1)a} = 0
$$

条件下，式（1.19）和式（1.21）的叠加场。

当裂面中点剪应力为零时，则在原点有

$$
\tau_{xy} = \frac{P_1 - P_2}{2}\sin 2\theta - \frac{3G'U}{(K'+1)a} = 0
$$

得

$$\sigma_x + \sigma_y = \frac{12G'U}{(K'+1)a}\left[\frac{r^2}{a^2}\sin 2\theta - \frac{r\sqrt{r_1 r_2}}{a^2}\sin\left(\theta + \frac{\theta_1 + \theta_2}{2}\right)\right]$$

$$\sigma_x - \sigma_y = \frac{12G'U}{(K'+1)a}\left\{\frac{r^2}{a^2}\sin 2\theta - \frac{r\sqrt{r_1 r_2}}{a^2}\sin\left(\theta + \frac{\theta_1 + \theta_2}{2}\right)\right.$$
$$\left. + \frac{r}{a}\sin\theta\left[\frac{2r}{a}\cos\theta - \frac{\sqrt{r_1 r_2}}{a}\cos\frac{\theta_1 + \theta_2}{2} - \frac{r^2}{a\sqrt{r_1 r_2}}\cos\left(2\theta - \frac{\theta_1 + \theta_2}{2}\right)\right]\right\} \qquad (1.23)$$

$$\tau_{xy} = \frac{6G'U}{(K'+1)a}\left\{-\frac{1}{2} + \frac{r^2}{a^2}\cos 2\theta - \frac{r\sqrt{r_1 r_2}}{a^2}\cos\left(\theta + \frac{\theta_1 + \theta_2}{2}\right)\right.$$
$$\left. + \frac{r}{a}\sin\theta\left[-\frac{2r}{a}\sin\theta + \frac{\sqrt{r_1 r_2}}{a}\sin\frac{\theta_1 + \theta_2}{2} + \frac{r^2}{a\sqrt{r_1 r_2}}\sin\left(2\theta - \frac{\theta_1 + \theta_2}{2}\right)\right]\right\}$$

此时的应力场，是式（1.19）和式（1.23）的叠加场。

从上可见，直立自由裂面和错动裂面受剪切力作用或受压力作用，所生水平应力场的分布形态都不同。但水平主张应力、主压应力、最大剪应力都在裂缝端部邻域集中，裂缝中段的应力值都很低；自由裂面受剪切力作用时的应力集中区对裂缝成反对称分布，受压力作用时的应力集中区对裂缝走向和中垂线都近于对称，这种对称性随 α 角的增大而减弱以至消失；直立错动裂缝，剪应力为零或裂缝中点剪应力为零时，应力集中区的分布当 $\alpha = 45°$ 左右时对裂缝对称，随 α 角增大逐渐变为对裂缝成反对称分布。

4. 岩性

当外围地块较软时，可使所论地块边界受到按一定规律分布的应力作用，造成应力边界条件；当外围地块较硬时，可使所论地块边界发生按一定规律分布的位移，造成位移边界条件。由于各地块力学性质的非均一性，使得地块之间的相互作用常构成应力和位移都有的混合边界条件，有应力边界部分，也有位移边界部分。而构造应力又存在于含裂隙的结构复杂的岩体中，因而岩体的力学性质将会直接影响应力场的分布。这使得地块在应力和位移混合边界条件下所形成构造应力场在大小和方向上的分布，与区内岩体力学性质及其分布状况有关。

无孔岩体为单连通体，多孔岩体为复连通体。单连通体只有一个边界，复连通体有多个边界；单连通体内每一闭合曲线都可缩为一点，复连通体内的闭合曲线由于有裂隙则不能；单连通体过边界二点的截面可将其分割为两块，复连通体亦不能。

1）岩体变形模量

均匀连续地块受体积力和边界力作用时，块体内各点的平衡方程为

$$\frac{\partial \sigma_x}{\partial x} + \frac{\partial \tau_{yx}}{\partial y} + \frac{\partial \tau_{zx}}{\partial z} + f_x = 0$$
$$\frac{\partial \tau_{xy}}{\partial x} + \frac{\partial \sigma_y}{\partial y} + \frac{\partial \tau_{zy}}{\partial z} + f_y = 0 \qquad (1.24)$$
$$\frac{\partial \tau_{xz}}{\partial x} + \frac{\partial \tau_{yz}}{\partial y} + \frac{\partial \sigma_z}{\partial z} + f_z = 0$$

式中，f_x、f_y、f_z 为单位体积的质量力在坐标轴向的分量。

物性方程为

$$
\left.
\begin{aligned}
\sigma_x &= \lambda'\vartheta + 2G'\frac{\partial u}{\partial x} \\[2mm]
\sigma_y &= \lambda'\vartheta + 2G'\frac{\partial v}{\partial y} \\[2mm]
\sigma_z &= \lambda'\vartheta + 2G'\frac{\partial w}{\partial z} \\[2mm]
\tau_{xy} &= G'\left(\frac{\partial v}{\partial x} + \frac{\partial u}{\partial y}\right) \\[2mm]
\tau_{yz} &= G'\left(\frac{\partial w}{\partial y} + \frac{\partial v}{\partial z}\right) \\[2mm]
\tau_{zx} &= G'\left(\frac{\partial u}{\partial z} + \frac{\partial w}{\partial x}\right)
\end{aligned}
\right\}
\tag{1.25}
$$

式中，

$$
\begin{aligned}
\lambda' &= \frac{E'\nu'}{(1+\nu')(1-2\nu')} \\[2mm]
G' &= \frac{E'}{2(1+\nu')}
\end{aligned}
$$

边界条件为

$$
\left.
\begin{aligned}
\sigma_x l + \tau_{yx} m + \tau_{zx} n &= F_x \\[1mm]
\tau_{xy} l + \sigma_y m + \tau_{zy} n &= F_y \\[1mm]
\tau_{xz} l + \tau_{yz} m + \sigma_z n &= F_z
\end{aligned}
\right\}
\tag{1.26}
$$

式中，F_x、F_y、F_z 为单位表面上外力在坐标轴向的分量。

由这些方程组可解得应力：

$$
\left.
\begin{aligned}
&\text{变形模量为 } E' \text{ 时的解} \quad u'、v'、w';\sigma'_x、\sigma'_y、\sigma'_z;\tau'_{xy}、\tau'_{yz}、\tau'_{zx} \\
&\text{变形模量为 } E'' \text{ 时的解} \quad u''、v''、w'';\sigma''_x、\sigma''_y、\sigma''_z;\tau''_{xy}、\tau''_{yz}、\tau''_{zx}
\end{aligned}
\right\}
\tag{1.27}
$$

两组应力解都满足方程组（1.24）的第一式，而使其有二形式

$$
\frac{\partial \sigma'_x}{\partial x} + \frac{\partial \tau'_{yx}}{\partial y} + \frac{\partial \tau'_{zx}}{\partial z} + f_x = 0
$$

$$\frac{\partial \sigma''_x}{\partial x} + \frac{\partial \tau''_{yx}}{\partial y} + \frac{\partial \tau''_{zx}}{\partial z} + f_x = 0$$

由此二式可得

$$\frac{\partial(\sigma'_x - \sigma''_x)}{\partial x} + \frac{\partial(\tau'_{yx} - \tau''_{yx})}{\partial y} + \frac{\partial(\tau'_{zx} - \tau''_{zx})}{\partial z} = 0$$

取

$$\left.\begin{array}{l} S_x = \sigma'_x - \sigma''_x \\ T_{yx} = \tau'_{yx} - \tau''_{yx} \\ T_{zx} = \tau'_{zx} - \tau''_{zx} \end{array}\right\} \qquad (1.28)$$

得

$$\frac{\partial S_x}{\partial x} + \frac{\partial T_{yx}}{\partial y} + \frac{\partial T_{zx}}{\partial z} = 0$$

$$\frac{\partial T_{xy}}{\partial x} + \frac{\partial S_y}{\partial y} + \frac{\partial T_{zy}}{\partial z} = 0$$

同理得

$$\frac{\partial T_{xz}}{\partial x} + \frac{\partial T_{yz}}{\partial y} + \frac{\partial S_z}{\partial z} = 0$$

即 S_x、S_y、S_z；T_{xy}、T_{yz}、T_{zx} 满足无质量力的方程组（1.24），于是在此应力场中质量力

$$f_x = f_y = f_z = 0$$

两组应力解式（1.27）也满足方程组（1.26）的第一式，使其也有二形式

$$\sigma'_x l + \tau'_{yx} m + \tau'_{zx} n = F_x$$
$$\sigma''_x l + \tau''_{yx} m + \tau''_{zx} n = F_x$$

由此二式可得

$$(\sigma'_x - \sigma''_x)l + (\tau'_{yx} - \tau''_{yx})m + (\tau'_{zx} - \tau''_{zx})n = 0$$

代入式（1.28）得

同理得
$$
\left.\begin{array}{l}
S_x l + T_{yx} m + T_{zx} n = 0 \\
T_{xy} l + S_y m + T_{zy} n = 0 \\
T_{xz} l + T_{yz} m + S_z n = 0
\end{array}\right\}
$$

即 S_x、S_y、S_z、T_{xy}、T_{yz}、T_{zx} 满足无边界力的方程组（1.26），于是在此应力场中边界力

$$
F_x = F_y = F_z = 0
$$

两组解式（1.27）都满足方程组（1.25）第一式，ν' 不变，则此式也有二形式

$$
\sigma'_x = \frac{\nu'}{(1+\nu')(1-2\nu')}\left(\frac{\partial E'u'}{\partial x} + \frac{\partial E'v'}{\partial y} + \frac{\partial E'w'}{\partial z}\right) + \frac{1}{(1+\nu')}\frac{\partial E'u'}{\partial x}
$$

$$
\sigma''_x = \frac{\nu'}{(1+\nu')(1-2\nu')}\left(\frac{\partial E''u''}{\partial x} + \frac{\partial E''v''}{\partial y} + \frac{\partial E''w''}{\partial z}\right) + \frac{1}{(1+\nu')}\frac{\partial E''u''}{\partial x}
$$

由此二式可得

$$
\begin{aligned}
S_x = {} & \frac{\nu'}{(1+\nu')(1-2\nu')}\left[\frac{\partial(E'u'-E''u'')}{\partial x} + \frac{\partial(E'v'-E''v'')}{\partial y} + \frac{\partial(E'w'-E''w'')}{\partial z}\right] \\
& + \frac{1}{1+\nu'}\frac{\partial(E'u'-E''u'')}{\partial x}
\end{aligned}
$$

取用地块普遍的变形模量 E'，则上式右边偏导数的小括弧内可用以它来表示的量 $E'U$、$E'V$、$E'W$ 取代，并把用地块普遍变形模量表示的 $E'U$、$E'V$、$E'W$ 代入上式，得

$$
S_x = \lambda'\vartheta + 2G'\frac{\partial U}{\partial x}
$$

同理得
$$
S_y = \lambda'\vartheta + 2G'\frac{\partial V}{\partial y}
$$

$$
S_z = \lambda'\vartheta + 2G'\frac{\partial W}{\partial z}
$$

同样，方程组（1.25）中的四、五、六式也有

$$
T_{xy} = G'\left(\frac{\partial V}{\partial x} + \frac{\partial U}{\partial y}\right)
$$

$$
T_{yz} = G'\left(\frac{\partial W}{\partial y} + \frac{\partial V}{\partial z}\right)
$$

$$
T_{zx} = G'\left(\frac{\partial U}{\partial z} + \frac{\partial W}{\partial x}\right)
$$

即 S_x、S_y、S_z、T_{xy}、T_{yz}、T_{zx}，U、V、W 也满足方程组（1.25）。

由于地块此时所受质量力和边界力为零，则由此质量力和边界力所引起的应力场中各点的此种应力分量

$$S_x = S_y = S_z = T_{xy} = T_{yz} = T_{zx} = 0$$

代入式（1.28），得

$$\sigma'_x = \sigma''_x \qquad \sigma'_y = \sigma''_y \qquad \sigma'_z = \sigma''_z$$
$$\tau'_{xy} = \tau''_{xy} \qquad \tau'_{yz} = \tau''_{yz} \qquad \tau'_{zx} = \tau''_{zx}$$

即地块变形模量 E' 改变，不影响力解。因之，在均匀连续地块受质量力和边界力作用时，岩体变形模量改变不影响地块中的应力分布。这对有应力边界条件的均匀连续单连通体，是正确的。但从方程组

$$\frac{\partial u}{\partial x} = e_x = \frac{1}{E'}[\sigma_x - \nu'(\sigma_y + \sigma_z)]$$
$$\frac{\partial v}{\partial y} = e_y = \frac{1}{E'}[\sigma_y - \nu'(\sigma_z + \sigma_x)]$$
$$\frac{\partial w}{\partial z} = e_z = \frac{1}{E'}[\sigma_z - \nu'(\sigma_x + \sigma_y)]$$

和连续方程

$$\left(\frac{\partial^2}{\partial x^2} + \frac{\partial^2}{\partial y^2} + \frac{\partial^2}{\partial z^2}\right)(\sigma_x + \sigma_y + \sigma_z) = -(1 + \nu')\left(\frac{\partial f_x}{\partial x} + \frac{\partial f_y}{\partial y} + \frac{\partial f_z}{\partial z}\right)$$

可知：地块有位移边界条件或是有应力边界条件的不均匀单连通体或是有应力边界条件含裂缝的复连通体，块内应力分布则是岩体力学性质 E'、ν' 的函数。

设地块有部分边界受力部分边界给定位移的混合边界条件。先取边界位移为零。由前所述，岩体变形模量为 E'、E'' 时的 S_x、S_y、S_z、T_{xy}、T_{yz}、T_{zx}，U、V、W 满足无质量力时的方程组（1.24）、（1.25），但边界位移为零，故边界力

$$F'_x \neq F''_x \quad F'_y \neq F''_y \quad F'_z \neq F''_z$$

于是方程组（1.26）中第一式有二形式

$$\sigma'_x l + \tau'_{yx} m + \tau'_{zx} n = F'_x$$
$$\sigma''_x l + \tau''_{yx} m + \tau''_{zx} n = F''_x$$

由此二式可得

$$(\sigma'_x - \sigma''_x)l + (\tau'_{yx} - \tau''_{yx})m + (\tau'_{zx} - \tau''_{zx})n = F'_x - F''_x$$

取

$$P_x = F'_x - F''_x$$
$$P_y = F'_y - F''_y$$
$$P_z = F'_z - F''_z$$

得

$$S_x l + T_{yx} m + T_{zx} n = P_x$$

因之，S_x、S_y、S_z、T_{xy}、T_{yz}、T_{zx}，U、V、W 满足无质量力时的方程组（1.24）、（1.25）、（1.26）。

因质量力分量

$$f_x = f_y = f_z = 0$$

给定位移边界上的 u'、v'、w'；u''、v''、w''；U、V、W 都是零，则应变能密度

$$\varepsilon = \frac{\lambda'}{2}(e_x + e_y + e_z)^2 + G'(e_x^2 + e_y^2 + e_z^2 + 2\gamma_{xy}^2 + 2\gamma_{yz}^2 + 2\gamma_{zx}^2) \tag{1.29}$$

其体积分

$$\iiint \varepsilon \mathrm{d}x\mathrm{d}y\mathrm{d}z = \frac{1}{2}\iint (P_x U + P_y V + P_z W)\mathrm{d}s + \frac{1}{2}\iiint (f_x U + f_y V + f_z W)\mathrm{d}x\mathrm{d}y\mathrm{d}z = 0$$

若 ε 在地块中处处满足此式，必须

$$\varepsilon = 0$$

于是，ε 中各项的因子

$$e_x = e_y = e_z = \gamma_{xy} + \gamma_{yz} + \gamma_{zx} = 0$$

即

$$\frac{\partial U}{\partial x} = \frac{\partial V}{\partial y} = \frac{\partial W}{\partial z} = 0$$

$$\frac{\partial V}{\partial x} + \frac{\partial U}{\partial y} = \frac{\partial W}{\partial y} + \frac{\partial V}{\partial z} = \frac{\partial U}{\partial z} + \frac{\partial W}{\partial x} = 0$$

代入方程组（1.25），得

$$S_x = S_y = S_z = T_{xy} = T_{yz} = T_{zx} = 0$$

则有

$$\sigma'_x = \sigma''_x \qquad \tau'_{xy} = \tau''_{xy}$$
$$\sigma'_y = \sigma''_y \qquad \tau'_{yz} = \tau''_{yz}$$
$$\sigma'_z = \sigma''_z \qquad \tau'_{zx} = \tau''_{zx}$$

可见，均匀连续地块部分边界位移为零时，岩体变形模量改变也不影响应力解。部分受力边界自然也是如此。故对均匀连续地块，有部分边界位移为零部分边界受力的混合边界情况，岩体变形模量不影响地块中的应力分布。但对非均匀有裂缝的复连通地块则相反，岩体变形模量影响应力分布。若部分边界位移不是零而是有给定值，则由式（1.29）知

$$\varepsilon \neq 0$$

则结果也与上述相反，岩体有不同的 E' 将造成不同的应力分布。

2）岩体泊松比

岩体在有体积力的混合边界条件下，平衡方程组为

$$\frac{\partial \sigma_x}{\partial x} + \frac{\partial \tau_{yx}}{\partial y} + \frac{\partial \tau_{zx}}{\partial z} + f_x = 0$$

$$\frac{\partial \tau_{xy}}{\partial x} + \frac{\partial \sigma_y}{\partial y} + \frac{\partial \sigma_{zy}}{\partial z} + f_y = 0$$

$$\frac{\partial \sigma_{xz}}{\partial x} + \frac{\partial \sigma_{yz}}{\partial y} + \frac{\partial \sigma_z}{\partial z} + f_z = 0$$

而

$$\nabla^2 \sigma_x + \frac{3}{1+\nu'} \frac{\partial^2 \sigma}{\partial x^2} = \frac{\nu'}{1-\nu'} \left(\frac{\partial f_x}{\partial x} - \frac{\partial f_y}{\partial y} - \frac{\partial f_z}{\partial z} \right) - \frac{2}{1-\nu'} \frac{\partial f_x}{\partial x}$$

∇^2 为二阶拉普拉斯算子。若质量力为常量，则得用应力表示的连续方程

$$\left.\begin{array}{c} \nabla^2 \sigma_x + \dfrac{3}{1+\nu'} \dfrac{\partial^2 \sigma}{\partial x^2} = 0 \\[2mm] \nabla^2 \sigma_y + \dfrac{3}{1+\nu'} \dfrac{\partial^2 \sigma}{\partial y^2} = 0 \\[2mm] \nabla^2 \sigma_z + \dfrac{3}{1+\nu'} \dfrac{\partial^2 \sigma}{\partial z^2} = 0 \end{array}\right\}$$

同理有 （1.30）

又

$$\left.\begin{array}{c} \nabla^2 \tau_{xy} + \dfrac{3}{1+\nu'} \dfrac{\partial^2 \sigma}{\partial x \partial y} = -\left(\dfrac{\partial f_y}{\partial x} + \dfrac{\partial f_x}{\partial y} \right) = 0 \\[2mm] \nabla^2 \tau_{yz} + \dfrac{3}{1+\nu'} \dfrac{\partial^2 \sigma}{\partial y \partial z} = 0 \\[2mm] \nabla^2 \tau_{zx} + \dfrac{3}{1+\nu'} \dfrac{\partial^2 \sigma}{\partial z \partial x} = 0 \end{array}\right\}$$

同理有 （1.30′）

边界条件为

$$\begin{array}{c} \sigma_x l + \tau_{yx} m + \tau_{zx} n = F_x \\ \sigma_{xy} l + \sigma_y m + \tau_{zy} n = F_y \\ \tau_{xz} l + \tau_{yz} m + \sigma_z n = F_z \end{array}$$

取边界位移 $u = v = w = 0$，F_x、F_y、F_z 不是常量，则
泊松比为 ν' 时的应力解为 σ'_x、σ'_y、σ'_z；τ'_{xy}、τ'_{yz}、τ'_{zx}；
泊松比为 ν'' 时的应力解为 σ''_x、σ''_y、σ''_z；τ''_{xy}、τ''_{yz}、τ''_{zx}。
它们满足方程组（1.30），第一式变为

$$\left.\begin{array}{c} \nabla^2 \sigma'_x + \dfrac{3}{1+\nu'} \dfrac{\partial^2 \sigma'}{\partial x^2} = 0 \\[2mm] \nabla^2 \sigma''_x + \dfrac{3}{1+\nu''} \dfrac{\partial^2 \sigma''}{\partial x^2} = 0 \end{array}\right\}$$

（1.31）

若

$$\begin{array}{ll} \sigma'_x = k\sigma''_x \qquad & \tau'_{xy} = k\tau''_{xy} \\ \sigma'_y = k\sigma''_y \qquad & \tau'_{yz} = k\tau''_{yz} \\ \sigma'_z = k\sigma''_z \qquad & \tau'_{zx} = k\tau''_{zx} \end{array}$$

代入式（1.31）中第一式，得

$$k \nabla^2 \sigma''_x + \frac{3k}{1 + \nu'} \frac{\partial^2 \sigma''}{\partial x^2} = 0$$

此式与式（1.31）中第二式不同，即使用 k 对各应力值进行修正，此二式仍不相同。故一般而论，ν' 影响应力分布。用 k 作常量修正系数，此二场相差一常系数，分布形式相同，但 k 不一定能满足混合边界条件。

各地块岩体力学性质不均匀，有裂隙纵横交错，使得地块间相互作用的边界复杂化，一般是既有应力边界也有位移边界，因之对一个地块来讲，常有混合边界条件。而裂缝、溶洞、井巷和地下洞室又使其成为复连通体。可见，其中的应力分布受岩体变形模量和泊松比的影响。

实验证明：在同一均匀位移边界条件下，压缩方向平行两种性质胶结接触带时，高模量岩体中的应力大于低模量岩体中的，其平均值与模量成正比；两种性质岩体的胶结接触带，有高应力梯度；两种岩体力学性质的差异，不影响主应力线的分布形态。在同一均匀应力边界条件下，压缩方向垂直于两种性质岩体组成的不均匀单连通体的胶结接触带时，仍是高模量岩体中的应力大于低模量岩体中的，其平均值仍与模量成正比，但比例系数低于位移边界条件下的；两种岩体的模量相差一倍左右时，接触带有高应力梯度带，两种岩体的模量相差 10 倍左右时，接触带应力突变而无高应力梯度带；两种岩体力学性质的差异，仍不影响主应力线的分布形态。压缩方向与两种性质岩体胶结接触带成 45° 夹角时，高模量岩体中有高应力；接触带有高应力梯度带；主压应力线与接触带所成锐角，在低模量岩体中向变大方向偏转，在高模量岩体中向变小方向偏转。

现场测得的岩体应力也随岩体弹性模量增加而增大。

岩体密度分布对重力应力场有线性影响。

综合上述，岩体内的残余应力场有一定独立性，而现代应力场则受控于断裂、地形、外力和岩性，因而它们的叠加场在空间分布上便是非独立场。

四、岩体内应力场是随时间变化的不稳定场

残余应力场，受控于岩体结构基质，只要岩石结构不变，便在其中长期保留，与岩石后生组构所反映的岩体变形形式一致；若岩石结构改变便随之而变，因而与岩体最后一场强塑性变形的形式一致，是岩体最后一场强烈构造运动应力场的残余场；岩体出现新裂面时，只有新裂面浅层的法向正应力释放，其余部分的大小和方向不变。因而，属岩石结构稳定场。

现代应力场，其形成和消失受控于现代各种成因。地球自转角速度、月球轨道和引力以及地球内物质运动的变化，都在不断改变形成地壳构造应力场的力源，使地壳各个地块所受外力的大小和方向不断改变着。由于各地块所受外力的大小和方向并非固定，则必将造成地块中构造应力场强弱的变化、方向的改变和分布形式的转变。

岩体中构造变形和断裂活动及应力松弛所造成的应力消减，物理化学条件变化所引起的岩体力学性质的改变，以及岩体孔隙压力改变造成的有效应力的变化，使一定外力作用造成的应力场将随时间的延长而改变，并转变其分布形式。

构造应力场在形成力源和作用过程中的变化，必将使其在强弱、方向和分布上均随时间的延长而不断转变着，使得场中各点应力的大小和方向成为坐标和时间的函数。故现代构造

应力场是不稳定场。

由于残余应力场有结构稳定性，现代应力场是不稳定场，故其叠加场是随时间变化的不稳定场。

五、岩体内应力场是继承性与新生性并存场

1. 残余应力场对原形成时古构造的继承性

残余应力场是古构造应力场残留至今的残余场，其分布与地区最后一场强塑性变形场的分布形式一致，是这场强烈构造运动应力场的残余场。因此，其分布形式将记录地区最后这场强烈构造运动中岩体的变形形式、强弱分布和运动特征，把它们不同程度的保存下来，并由于此残余场在现代构造运动中的继续作用，而在岩体运动中流传一段地史过程。此即谓之应力场的继承性，并由于此种应力场在现代构造运动中的继续作用，而在现代构造运动中不同程度的形成对古构造的继承性构造形迹。

2. 现代应力场在现代构造运动中的新生性

现代应力场，是现代成因造成的新生场，在现代构造运动中活跃具有新生性。

地壳的现代应力场，是残余应力场与现代应力场的叠加场，因而既有残余应力场表现的继承性，又有现代应力场表现的新生性，是二者的并存场。其所造成的构造，也是既有继承性，又有新生性，是继承与新生的统一体。

第三节　岩体内应力的测量

一、残余应力测量方法

1. 残余应力测量

1958 年，作者提出了在正交异性岩体中进行三维残余应力测量的 X 射线法。

1）方法特点

用 X 射线法测量岩体中的残余应力，有如下特点：

（1）衍射线的位移给出了掠射角 θ 的变化，可由布拉格方程求出晶面间距的改变，而晶面间距的改变正是岩体晶粒弹性变形的机制，塑性变形的机制是晶面滑移、晶粒破碎、晶粒转动和晶界破裂，并不改变晶面间距。故此法测不到塑性形变，只测晶粒的弹性残余形变。于是，影响岩体塑性变形的时间效应等对测量均不影响。

（2）由晶面间距的改变算得的晶面法向弹性正应变，是以所测矿物经高温退火后弹性形变为零的状态作起算点，故所得的是绝对弹性正应变，因此可用弹性理论方程求得绝对残余应力值和主方向。

（3）由岩体矿物晶粒的弹性残余正应变计算残余应力，用的是所选测矿物晶体的弹性参量，比多晶体岩石的弹性参量稳定，免受多晶岩石因结构、孔隙和晶粒间界物质状态等结构因素的影响。

（4）在岩石测样的测量表面原状进行测量，而不须对之预加载荷或恢复载荷，避免了岩石重载时由于力学参量不还原性所引起的测量状态与原岩状态力学参量不同对测量结果的影响。

（5）X 射线直接射入测样中测量矿物晶体的晶面间距（图 1.14），而不需用其他与测样表面接触的传感器，免去了由于接触和传感器材料刚度对测量过程的影响。

（6）X 射线射入测样后，一部分从浅层晶粒的合适晶面系反射，同时其余的透射线继续射入深部，而从深部其他晶粒的合适晶面系反射，直至射线能量全被吸收掉而消失为止。因此，可在测样的相当深度内测量其应力状态，而不是只限于测量其表面形变或位移，来间接推求深部应力。

（7）测量使用晶体结构分析用的 X 射线衍射测角仪。如，德国西门子 Eg404/2e 型的、日本理学电机株式会社 GAB－A 型的，测样可于小马达带动下在所选取平面内水平来回移动或保持所选取的固定方位，经过弯曲晶体单色器单色化了的入射 X 射线成铅直薄平面光束在往返移动的测样表面上成铅直细线扫描，或在衍射仪侧量圆上聚焦后进入计数管。θ 角的测量精度小于 0.0001°，记录纸长与 θ 角的比例关系为 80 ~ 640mm／（°），并配有精度 0.001mm 的比长仪供精确测量之用。所用 X 射线波长精度可达 10^{-6}mm，若测石英或方解石（001）晶系的晶面间距，则求得其法向残余正应变的精度为 1×10^{-6} 或 5×10^{-7}。

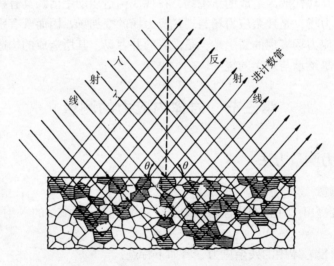

图 1.14　X 射线从测样中一定方位的选测矿物晶粒的选测
晶面系的反射和对此方位晶面法向正应变的测量几何

2）测量原理

岩石由造岩矿物所组成，造岩矿物是各向异性固体。于是，在其中测到了残余弹性正应变绝对值后，便可用各向异性弹性理论来计算残余应力的大小和方向。

据残余应力椭球在地壳中空间分布方位的历次抽样测量结果得知，其主轴与水平面或铅直线的夹角，一般为几度到几十度，个别的达 21°（表 1.7）。故在大量测量中，为简化测量手续，可假定测点残余应力主轴 1、2 在水平方向，主轴 3 在铅直方向。则，测点正交异性岩体的弹性方程，为

表 1.7　岩体中残余应力椭球空间分布方位抽样测量结果

序号	主轴与水平面的夹角/（°）			序号	主轴与水平面的夹角/（°）		
	主轴 1 倾角	主轴 2 倾角	主轴 3 倾角		主轴 1 倾角	主轴 2 倾角	主轴 3 倾角
1	2	3	86	11	0	15	76
2	0	14	76	12	11	2	79
3	5	7	81	13	1	7	83
4	1	21	69	14	6	9	79
5	6	4	83	15	18	5	71
6	7	0	80	16	5	12	76
7	1	1	89	17	3	3	87
8	17	1	72	18	1	5	87
9	11	3	80	19	6	3	85
10	2	8	81	20	10	20	75

$$\left.\begin{aligned}
e_1 &= \frac{1}{E_1}\sigma_1 - \frac{\nu_{21}}{E_2}\sigma_2 - \frac{\nu_{31}}{E_3}\sigma_3 \\
e_2 &= -\frac{\nu_{12}}{E_1}\sigma_1 + \frac{1}{E_2}\sigma_2 - \frac{\nu_{32}}{E_3}\sigma_3 \\
e_3 &= \frac{\nu_{13}}{E_1}\sigma_1 - \frac{\nu_{23}}{E_2}\sigma_2 + \frac{1}{E_3}\sigma_3
\end{aligned}\right\} \qquad (1.31')$$

式中，E_i 为弹性模量；ν_{ij} 为泊松比。应变以伸为正，经缩为负。应力以张为正，以压为负。

在测点标上拟采岩块的原方位后，最好沿节理从地壳采下来，于是作用在其上的现代应力便消除，而只剩下残余应力。再将此定向岩块沿水平方向切开，从下半块的上表层中再切出直径 5cm、厚 3mm 的水平圆盘形残余应力测样，则其上表面即为主平面（1, 2）。由于上半块已被去掉，其对下半块测样表面的垂直残余主应力 σ_3 的作用便去除了，于是测样表层的法向残余应力便被释放掉，得 $\sigma_3 = 0$。但测样中部测量表面方向的残余主应力 σ_1、σ_2，由于测样表面有足够大而仍然保留着，因为测样侧表面法向的残余应力只释放到一定深度，而使得测样中部的残余应力原样保留，此即测样中部测量表面方向的残余应力。在测样测量表面方向，由于去掉了上半块使 $\sigma_3 = 0$，而发生的弹性应变 e'_3 只是因 σ_1、σ_2 的作用所引起的法向泊松效应，如此测量测样表面上的残余主应力 σ_1、σ_2，便成了平面应力问题。于是，方程组（1.31'）变成

$$\left.\begin{aligned}
e_1 &= \frac{1}{E_1}\sigma_1 - \frac{\nu_{21}}{E_2}\sigma_2 \\
e_2 &= -\frac{\nu_{12}}{E_1}\sigma_1 + \frac{1}{E_2}\sigma_2 \\
e'_3 &= -\frac{\nu_{13}}{E_1}\sigma_1 - \frac{\nu_{23}}{E_2}\sigma_2
\end{aligned}\right\} \qquad (1.32)$$

选测岩体中力学性质成高级轴对称的矿物，如六角晶系的矿物（表 1.8），并测量测样中此对称轴分布在主轴 3 方向的晶粒，则其在测样中测量表面方向的弹性模量 $E_1 = E_2 = E$，泊松比 $\nu_{12} = \nu_{21} = \nu$，而测样表面方向与法向间的泊松比 $\nu_{13} = \nu_{23} = \nu'$，于是方程组（1.32）又变成

$$\left. \begin{aligned} e_1 &= \frac{1}{E}(\sigma_1 - \nu\sigma_2) \\ e_2 &= \frac{1}{E}(\sigma_2 - \nu\sigma_1) \\ e'_3 &= -\frac{\nu'}{E}(\sigma_1 + \sigma_2) \end{aligned} \right\} \tag{1.33}$$

由此得平面应力状态的二残余应力的表示式

$$\left. \begin{aligned} \sigma_1 &= -\frac{E}{\nu'(1+\nu)}(\nu'e_2 + e'_3) \\ \sigma_2 &= -\frac{E}{\nu'(1+\nu)}(\nu'e_1 + e'_3) \end{aligned} \right\} \tag{1.34}$$

表 1.8　石英和方解石与晶胞底面上六角形对角线交角为 β 方向的弹性模量（单位：10^4 MPa）

矿物	$\beta/$（°）							矿物状况	温度/℃	测量方法
	0	5	10	15	20	25	30			
石英	7.59						7.59	天然透明单晶体	20	X 射线法
	7.60						7.60	岩石中透明晶粒		
	6.13						6.13	天然乳白单晶体		
	6.15						6.15	岩石中乳白晶粒		
	7.70	7.70	7.70	7.70	7.70	7.70	7.70	天然晶体	常温	机械法（А. В. шуъников，1940）
方解石	7.15						7.15	天然透明单晶体	20	X 射线法
	7.20						7.20	岩石中透明晶粒		
	5.09	.					5.09	天然乳白单晶体		
	1.10						5.10	岩石中乳白晶粒		

测量力学性质对称轴分布在测样测量表面法向的晶粒中垂直此对称轴的晶面系（001）的晶面间距 $d_{90°}$ 和岩样中同种矿物经高温退火后无残余弹性应变的相同晶面系的晶面间距 d_0，则可求得平行测样测量表面的平面残余应力状态所引起的测样测量表面法向残余弹性正

应变

$$e'_3 = \frac{d_{90°} - d_0}{d_0} \qquad (1.35)$$

同样，在与测样测量表面法向成30°角方向（图1.15a）可测得

$$e_{a30°} = \frac{d_{a30°} - d_0}{d_0} \qquad (1.35')$$

将此式代入应变几何公式

$$e_{a30°} = e_1(\sin30°\cos\alpha)^2 + e_2(\sin30°\sin\alpha)^2 + e'_3\cos30°$$

再将此式代入 $e_{a30°}$ 在测样表面上投影方向的正应变表示式

$$e_a = e_1\cos^2\alpha + e_2\sin^2\alpha$$

得

$$e_a = \frac{e_{a30°} - e'_3\cos^230°}{\sin^230°} = 4e_{a30°} - 3e'_3 \qquad (1.36)$$

再测量各与测样测量表面法线成30°角并在测量表面上有从 e_a 方向开始反射逆时针依次相间60°角的两个投影方向的正应变 $e_{b30°}$、$e_{c30°}$，可得相应的正应变 e_b、e_c 的表示式。于是，将测样测量表面上逆时针依次相间60°角三个方向的正应变 e_a、e_b、e_c 的表示式代入主应变公式

$$\left.\begin{array}{l} e_1 = \dfrac{1}{3}(e_a + e_b + e_c) + \dfrac{\sqrt{2}}{3}\sqrt{(e_a - e_b)^2 + (e_b - e_c)^2 + (e_c - e_a)^2} \\[3mm] e_2 = \dfrac{1}{3}(e_a + e_b + e_c) - \dfrac{\sqrt{2}}{3}\sqrt{(e_a - e_b)^2 + (e_b - e_c)^2 + (e_c - e_a)^2} \\[3mm] \alpha = \dfrac{1}{2}\arctan\dfrac{-\sqrt{3}(e_b - e_c)}{2e_a - e_b - e_c} \end{array}\right\}$$

得测样测量表面方向的残余主应变 e_1、e_2 及从主轴1到 e_a 以逆时针方向为正的角 α。则其用 $e_{a30°}$、$e_{b30°}$、$e_{c30°}$、e'_3 的表示式为

$$e_1 = \frac{4}{3}(e_{a30°} + e_{b30°} + e_{c30°}) - 3e'_3 + A$$

$$e_2 = \frac{4}{3}(e_{a30°} + e_{b30°} + e_{c30°}) - 3e'_3 - A$$

$$\alpha = \frac{1}{2}\arctan\frac{-\sqrt{3}(e_{b30°} - e_{c30°})}{2e_{a30°} - e_{b30°} - e_{c30°}}$$

$$A = \frac{4\sqrt{2}}{3}\sqrt{(e_{a30°} - e_{b30°})^2 + (e_{b30°} - e_{c30°})^2 + (e_{c30°} - e_{a30°})^2}$$

(1.37)

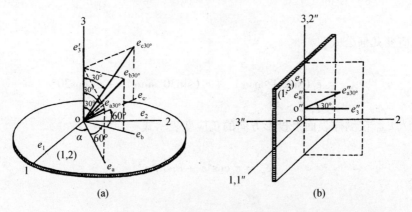

图 1.15 水平 (a) 和铅直 (b) 测样中残余正应变测量的空间几何图示

再将岩样被切去的上半块已知的主轴 1 方向铅直切开，在其一半的铅直表面上，可同样测得测量地点铅直方向的残余主应变 e_3（图 1.15b）。为此，从其铅直表层切下一高 4cm、宽 3cm、厚 3mm 的铅直测样。为了与水平测样区别起见，把从铅直测样直接测得的各量，均加符合" ″ "，并命铅直测样铅直测量表面上的主轴为 1″、2″，其表面法向的主轴为 3″。它们与水平测样上主轴的关系是，使 1″与 1 重合，2″与 3 重合，3″与 2 反向。选测其中与水平测样相同的矿物，仍测量对称轴分布在主轴 3″方向的晶粒，于是其测量表面方向矿物的 $E'' = E$，$\nu'' = \nu$。如此，铅直测样测量表面法向的正应变则表示为 e''_3，在过此法向的铅直面上与此法向成 30°角方向的正应变表示为 $e''_{a30°}$，其在铅直测样表面上的投影方向的正应变表示为 e''_a。由于 e''_a 在铅直方向，故实际测量地点三维残余应变状态的铅直残余主应变 e_3。相应于式（1.36），对铅直测样，也有

$$e_3 = e''_a = 4e''_{a30°} - 3e''_3$$

(1.38)

将式（1.37）代入式（1.34），得

$$\sigma_1 = -\frac{E}{(1+\nu)}\left[\left(\frac{4}{3}(e_{a30°} + e_{b30°} + e_{c30°}) + \frac{1-3\nu'}{\nu'}e'_3 - A\right)\right]$$

$$\sigma_2 = -\frac{E}{(1+\nu)}\left[\frac{4}{3}(e_{a30°} + e_{b30°} + e_{c30°}) + \frac{1-3\nu'}{\nu'}e'_3 + A\right]$$

(1.39)

因 $1''$ 在水平方向，e''_a 在铅直方向，则 $\alpha''=90$。因而，$e''_a = e''_2 = e_3$，$\sigma''_2 = \sigma_3$，$\sigma''_1 = \sigma_1$。于是，用测量地点实际三维应力状态符号 e_3、σ_3、σ_1 来替换相应于式（1.33）的铅直测样的方程组第二式中的符号 e''_2、σ''_2、σ''_1 后，此式变成

$$e_3 = \frac{1}{E}(\sigma_3 - \nu\sigma_1)$$

因此，将式（1.38）中的 e_3、方程组（1.39）中第一式的 σ_1 代入上式，可求得

$$\sigma_3 = E(4e''_{a30°} - 3e''_3) - \frac{\nu E}{(1+\nu)}\left[\frac{4}{3}(e_{a30°} + e_{b30°} + e_{c30°}) + \frac{1-3\nu'}{\nu'}e'_3 - A\right] \quad (1.40)$$

式（1.37）至式（1.40）构成了测点三维残余主应力、主应变大小及方向的方程组，将各测点水平测样上的 e_a 一律取在南北方向，先测得 $e_{a30°}$，再沿反时针方向依次相间 $60°$ 角测量 $e_{b30°}$、$e_{c30°}$，及法向主应变 e'_3；在铅直测样上，测得 $e''_{a30°}$、e''_3；用 X 射线法测得岩样中所选测矿物的轴对称力学参量 E、ν、ν'，代入式（1.37）至式（1.40），可算得测点岩体中三维残余主应力 σ_1、σ_2、σ_3 和主应变 e_1、e_2、e_3 的大小及从 e_a 所在的南北方向量起到主轴 1 以顺时针为正的方向角 α。将它们代入下式，可算得测点岩体中残余弹性应变能密度

$$\varepsilon = \frac{1}{2}(\sigma_1 e_1 + \sigma_2 e_2 + \sigma_3 e_3)$$

3）测量技术

上述弹性理论方程中的正应变，都是弹性应变，而且是从零起算的绝以应变值。X 射线法，正好可满足测量弹性正应变绝对值的要求。

岩石是由一种或多种矿物晶粒按各种取向构成的多晶体。将测样放在 X 射线测角仪中心的测样架上，用波长 λ 的单色 X 射线束以掠射角 θ 入射到测样中所选测矿物的选测晶面系上，便可在对晶面系法线对称的方向接收到反射线（图 1.14）。由布拉格方程知，此晶面系的晶面间距

$$d = \frac{n\lambda}{2\sin\theta} \quad (1.41)$$

n 为正整数，常取为 1。从此式知，对选测的晶面系，由于 d 一定，故选用波长为 λ 的 X 射线后，则 θ 也一定，即只有在此方位角才能测到反射线，于是便从测角仪上接收反射线的计数管所在位置的刻度读得 2θ 角。因此，由 θ 和一定的 λ，用上式可求得所测矿物同一晶面系的法线位在入射线和反射线所在平面上的平分角线方向，并满足布拉格方程的某一定方位各晶粒间晶面系的 d 值。每个被测晶粒，都相当于测样中的一个小测点（图 1.14），将 X 射线束照射于测样表面，便测得测样表层一定深度大量被测矿物晶粒被选测晶面系的 d 值。因

此，从测样中大量小测点上反射的反射线束强度分布峰值所对应的 2θ 角，是被照射后岩石一定深度内大量小测点的 d 的平均值的综合记录，它已是在宏观体积范围内 d 值分布的平均值了。

由于同一测点的水平和铅直二测样中的应变都是通过测量其中同种矿物同一晶面系的晶面间距而得，因而都应使用此种矿物此晶面系经高温退火后无残余应变的晶面间距 d_0 或其相应的掠射角 θ_0 作起始状态，来求绝对残余正应变，并且由各方位的绝对残余正应变求相应的残余应力也都使用此矿物相同的弹性参量。

因测量中所用的 X 射线波长 λ 和 n 值不变，而且含残余应力的测样中矿物晶粒的晶面间距 d 相对于 d_0 的变化量小于 10^{-4}nm 而属于微小形变，故可将布拉格方程微分而得到晶面系的法向正应变

$$e = \frac{d - d_0}{d_0} = -(\theta - \theta_0)\cot\theta_0 \tag{1.42}$$

对水平测样的表面成倾角 θ 方向入射 X 射线，并在对测样表面法线成平面对称的方向接收反射线，则用此 θ 可从布拉格方程算得位于测样表面法向的晶面间距 $d_{90°}$，将此时的 θ 表示为 $\theta_{90°}$。仿此，可测得与测样表面法线成 30° 交角并在测量表面上的投影成逆时针依次相间 60° 角的三个方向的晶面间距 $d_{a30°}$、$d_{b30°}$、$d_{c30°}$，相应的 θ 各表示为 $\theta_{a30°}$、$\theta_{b30°}$、$\theta_{c30°}$。再在同一测点的铅直测样表面测得其法向晶面间距 $d''_{90°}$ 和在铅直面上与铅直测样表面法线成 30° 交角方向的 $d''_{a90°}$，相应的 θ 各表示为 $\theta''_{90°}$、$\theta''_{a30°}$。将它们各自代入式（1.42），可得晶面系法线在各相应方向的大量晶粒的平均应变 e'_3、$e_{a30°}$、$e_{b30°}$、$e_{c30°}$、e''_3、$e''_{a30°}$ 的相应表示式

$$e'_3 = \frac{d_{90°} - d_0}{d_0} = -(\theta_{90°} - \theta_0)\cot\theta_0$$

$$e_{a30°} = \frac{d_{a30°} - d_0}{d_0} = -(\theta_{a30°} - \theta_0)\cot\theta_0$$

$$e_{b30°} = \frac{d_{b30°} - d_0}{d_0} = -(\theta_{b30°} - \theta_0)\cot\theta_0$$

$$e_{c30°} = \frac{d_{c30°} - d_0}{d_0} = -(\theta_{c30°} - \theta_0)\cot\theta_0$$

$$e''_3 = \frac{d''_{90°} - d_0}{d_0} = -(\theta''_{90°} - \theta_0)\cot\theta_0$$

$$e''_{a30°} = \frac{d''_{a30°} - d_0}{d_0} = -(\theta''_{a30°} - \theta_0)\cot\theta_0$$

将它们代入式（1.37）至式（1.40），得

$$e_1 = \cot\theta_0 \left[-\frac{4}{3}(\theta_{a30°} + \theta_{b30°} + \theta_{c30°}) + 3\theta_{90°} + \theta_0 + A' \right]$$

$$e_2 = \cot\theta_0 \left[-\frac{4}{3}(\theta_{a30°} + \theta_{b30°} + \theta_{c30°}) + 3\theta_{90°} + \theta_0 - A' \right]$$

$$e_3 = \cot\theta_0 (3\theta''_{90°} - 4\theta''_{30°} + \theta_0)$$

$$\sigma_1 = \frac{E\cot\theta_0}{1+\nu} \left[\frac{4}{3}(\theta_{a30°} + \theta_{b30°} + \theta_{c30°} - 3\theta_0) + \frac{1-3\nu'}{\nu'}(\theta_{90°} - \theta_0) + A' \right]$$

$$\sigma_2 = \frac{E\cot\theta_0}{1+\nu} \left[\frac{4}{3}(\theta_{a30°} + \theta_{b30°} + \theta_{c30°} - 3\theta_0) + \frac{1-3\nu'}{\nu'}(\theta_{90°} - \theta_0) - A' \right]$$

$$\sigma_3 = E\cot\theta_0 \left\{ 3\theta''_{90°} - 4\theta''_{a30°} + \theta_0 + \frac{\nu}{1+\nu} \left[\frac{4}{3}(\theta_{a30°} + \theta_{b30°} + \theta_{c30°} - 3\theta_0) \right. \right.$$

$$\left. \left. + \frac{1-3\nu'}{\nu'}(\theta_{90°} - \theta_0) - A' \right] \right\}$$

$$\alpha = \frac{1}{2}\arctan \frac{-\sqrt{3}(\theta_{b30°} - \theta_{c30°})}{2\theta_{a30°} - \theta_{b30°} - \theta_{c30°}}$$

$$A' = \frac{4\sqrt{2}}{3}\sqrt{(\theta_{a30°} - \theta_{b30°})^2 + (\theta_{b30°} - \theta_{c30°})^2 + (\theta_{c30°} - \theta_{a30°})^2}$$

$$\left. \right\} \quad (1.43)$$

把用 X 射线测角仪测得的 $\theta_{90°}$、$\theta_{a30°}$、$\theta_{b30°}$、$\theta_{c30°}$、$\theta''_{90°}$、$\theta''_{a30°}$、θ_0,代入上方程组,可算得 e_1、e_2、e_3、σ_1、σ_2、σ_3、α,并可再用式(1.41)算得 ε。

此 X 射线法,是造岩矿物晶体学、岩石固体物理学、X 射线物理学和晶体弹性力学相结合的产物。它主要是利用了所选测矿物晶体力学性质的轴面异性、在岩石中的弹塑性杂乱嵌镶分布、X 射线在其中穿过的衍射能力和矿物晶体晶面间距改变的弹性等诸多特点,顺其自然的巧妙组合作用;在一个测点用水平和铅直两个测件,运用多向测量的衍射几何学与相应弹性理论的跟踪配合,用弹性理论来解得测点残余应力三维主分量的大小和方向。

4)测法要点

测量中,为避免因岩石风化而使残余应力释放和弹性模量降低,要采取基岩中未经风化的新鲜岩样;为使反射 X 射线的强度曲线光滑规则,要选取基岩中含所测矿物晶粒较多的部位,晶粒大小以 $10^{-4} \sim 0.5$mm 为宜,10^{-2}mm 最好,晶粒太小反射线宽而降低测量精度,晶粒太大出现衍射斑点也降低记录精度;为在记录纸上给出高精度的角度标准,用退火的银、钨等标准物质粉末涂在测样表面上,同时记录其临近的反射线,以作 θ 角的精确校正之用,或用与测角仪一起单线统一控制的同步记录器,使计数管和记录纸同时起动,并保持线性同步关系向前移动,在测量地点附近或从岩样上取下与选测矿物同样矿物晶体,在有全部自由边界的条件下经高温退火以消除其中残余应力,然后与测样在同样室温下测量 θ_0;为提高测量精度,用 K_α 双线分离开的 $K_{\alpha1}$ 射线测量,并尽量选测高 p 角和大间距晶面系的反射线。

在同一岩样中,对不同种矿物晶粒测得的残余应力是一致的(表1.9)。这是因岩样内不同种矿物晶粒之间的应力是平衡的。同时也证明了,用 X 射线测量岩样中的残余应力,只需选测其中一种矿物的晶粒已足够。在一个测量地点,如遇有多种岩性的岩石,都采样,取其测量结果的平均值作为一个测点的测量值。

表 1.9　迁西地区岩样中不同种矿物晶粒内的水平残余主应力大小和方向比较

测点标号	岩石名称	选测矿物	σ_1/MPa	σ_2/MPa	α/ (°)
I-0	燧石灰岩	石英	11.6	4.0	358
		方解石	11.5	3.9	360
II-0	燧石灰岩	石英	11.0	7.5	28
		方解石	11.0	7.5	27
III-0	燧石灰岩	石英	12.0	5.5	27
		方解石	11.9	5.5	27

法线为力学性质对称轴的大间距晶面系，如石英六角晶系的（001）晶面系、方解石六角晶系的（001）晶面系，其反射线的强度十分微弱，一般测量不到。为测量此种晶面系的反射线，须用特殊的技术：选用尽可能轻元素靶的 X 射线管，如铬靶等，以增强反射线强度；使用低辐射剂量的计数管，使微弱的反射线能引起管的高电压降，提高记录精度；把记录器的内阻调向低阻尼，以提高记录的灵敏度。

在一个测区，按一定间距采样，进行三维残余应力测量，可得其三维主分量大小和方向的水平分布场。用大口径钻孔的定向岩芯或在井巷中定向采样，可测得三维残余应力大小和方向沿深度的分布状态。若已取出的岩芯未定向，可用岩芯的层面或流面结构与围岩中地质构造的一致性关系、岩芯的后生组构与围岩后生组构的一致性关系、岩芯剩余磁化强度方向与围岩剩余磁化强度方向的一致性关系，来重新为其在钻孔中的原方位定向。

2. 原场时代测定

古构造残余应力，不是现代构造应力的滞后残留量。其主要证据是，残余应力多高于同点的现代应力值，残留量不可能高于原值；残余应力的地表铅直主分量不为零，而现代应力在地表的铅直主分量为零；残余应力的主方向在短期内不变，而现代应力的主方向短期内可改变，如同地区地震 P 轴方向的改变；残余应力场大小和方向的分布形态，与其形成时构造体系应力场大小和方向的分布形态基本一致，这说明残余应力场是其形成时构造体系应力场的残留场；残余应力场有时整体性地被同期或后期形成的断层切错。

测定残余应力场开始形成年代的方法主要有：

1）断层切错法

如迁西山字形构造东西两翼部小区残余应力场的等值线，被两翼的断层所切断，西翼的发生右旋水平错动，东翼的发生左旋水平错动。这说明此场发生在山字形两翼断层进行此种水平错动之前。

2）近期运动法

残余应力场与所在区最近一场强烈构造运动应力场的分布形态基本一致，是这场强烈构造运动应力场的残余场。

3）剥蚀速率法

地壳深部岩体中的铅直主应力主要是由上覆岩体的重力所造成，故先由上覆岩体容重

ρg 和已上升至地表的岩体中铅直残余主应力 σ_3，求得此残余应力场形成时所在深度 $D = \dfrac{\sigma_3}{\rho g}$。

再用地质方法求得地区上升剥蚀速度 v，可得此应力场形成距今的时间 $t = \dfrac{D}{v}$。

如，迁西山字形构造区的残余应力场在大小和方向上的分布形态与模拟实验求得的此山字形构造的应力场基本一致，但残余应力场的等值线被此山字形断裂多处切错，说明其形成晚于此山字形的成形但又早于此山字形的最后完成，而此山字形体系完成在侏罗纪，故此残余应力场应是侏罗纪前期构造应力场的残余场。美国怀俄明州响尾蛇山区和日本关东地区所测得的残余应力都是白垩纪构造应力场残留至今的残余部分。

二、现代应力测量方法

海姆森于 1970 年提出了在钻孔中用水力压裂法进行应力测量。在各向同性均质低孔渗岩体中打一钻孔，孔轴与主应力 σ_V 平行，用水力压裂孔壁。P' 是孔底液压，P 是岩石孔隙压力，θ 是从水平最小有效主应力 σ'_h 方向量起的圆心角，R 是钻孔半径，为计算方便取水平最大、最小和径向各有效主应力 σ'_H、σ'_h、σ'_r 均以压性为正，则孔周各有效应力分量

$$\left.\begin{aligned}
\sigma'_r &= P' - P + \frac{\sigma'_H + \sigma'_h}{2}\left(1 - \frac{R^2}{r^2}\right) - \frac{\sigma'_H - \sigma'_h}{2}\left(1 + \frac{3R^4}{r^4} - \frac{4R^2}{r^2}\right)\cos2\theta \\
\sigma'_\theta &= -P' + P + \frac{\sigma'_H + \sigma'_h}{2}\left(1 + \frac{R^2}{r^2}\right) + \frac{\sigma'_H - \sigma'_h}{2}\left(1 + \frac{3R^4}{r^4}\right)\cos2\theta \\
\sigma'_{r\theta} &= \frac{\sigma'_H - \sigma'_h}{2}\left(1 - \frac{3R^4}{r^4} + \frac{2R^2}{r^2}\right)\sin2\theta
\end{aligned}\right\} \quad (1.44)$$

孔壁上，$r = R$，则孔壁上的有效应力分量

$$\left.\begin{aligned}
\sigma'_r &= P' - P \\
\sigma'_\theta &= -P' + P + (\sigma'_H + \sigma'_h) + 2(\sigma'_H - \sigma'_h)\cos2\theta \\
\tau'_{r\theta} &= 0
\end{aligned}\right\} \quad (1.45)$$

当孔壁周向应力 σ'_θ 等于孔壁岩体周向抗张强度 σ_t 时，孔壁便在 $\theta = \dfrac{\pi}{2}$ 和 $\theta = \dfrac{3}{2}\pi$ 方位先发生脆性张性破裂，此时的液压 P' 称为破裂压力，表示为

$$P_f = 3\sigma'_h - \sigma'_H + P + \sigma_t \quad (1.46)$$

孔壁初始裂缝沿孔轴平行水平最大主压应力方向。使裂缝重新张开所需的液压 P_r 称为重张压力，表示为

$$P_r = 3\sigma'_h - \sigma'_H + P \quad (1.47)$$

水平最大、最小主压应力

$$\sigma_H = \sigma'_H + P$$
$$\sigma_h = \sigma'_h + P$$

于是，式（1.46）、式（1.47）变为

$$P_f = 3\sigma_h - \sigma_H - P + \sigma_t \qquad (1.48)$$

$$P_r = 3\sigma_h - \sigma_H - P \qquad (1.49)$$

保持裂缝张开所需液压 P' 为封闭压力 P_c，等于垂直裂面的压应力 σ_h。则由式（1.48）、式（1.49）得

$$\sigma_h = P_c \qquad (1.50)$$

$$\sigma_H = 3P_c - P_f - P + \sigma_t \qquad (1.51)$$

$$\sigma_H = 3P_c - P_r - P \qquad (1.51')$$

从压裂压力曲线上，可量得 P_f、P_r、P_c，由实验求得 σ_t 或由式（1.51）、式（1.51'）求得现场的

$$\sigma_t = P_f - P_r$$

于是，由式（1.50）、式（1.51）、式（1.51'）可求得 σ_H、σ_h。σ_V 可由上覆岩层重力 $\rho g z$ 近似求得，

$$\sigma_V = \rho g z$$

对高孔渗性孔段，式（1.16）、式（1.47）变为

$$P_f = \frac{3\sigma_h - \sigma_H + \sigma_t - \left(1 - \alpha \dfrac{\nu}{1 - \nu}\right)P}{1 + \alpha \dfrac{\nu}{1 - \nu}}$$

$$P_r = \frac{3\sigma_h - \sigma_H - \left(1 - \alpha \dfrac{\nu}{1 - \nu}\right)P}{1 + \alpha \dfrac{\nu}{1 - \nu}}$$

则得

$$\sigma_{\text{H}} = 3P_{\text{c}} + \sigma_{\text{t}} - \left(1 + \alpha\frac{\nu}{1-\nu}\right)P_{\text{f}} - \left(1 - \alpha\frac{\nu}{1-\nu}\right)P \qquad (1.52)$$

$$\sigma_{\text{H}} = 3P_{\text{c}} - \left(1 + \alpha\frac{\nu}{1-\nu}\right)P_{\text{r}} - \left(1 - \alpha\frac{\nu}{1-\nu}\right)P \qquad (1.52')$$

式中，$\alpha = 1 - \dfrac{K}{K_{\text{s}}}$，为标特系数。$K$ 是岩石体积压缩模量，K_{s} 是岩石格架体积压缩模量，ν 是泊松比。在低孔渗岩体中 $\dfrac{K}{K_{\text{s}}} \approx 1$，$\alpha \approx 0$，于是式（1.52）和式（1.52′）变成式（1.51）和式（1.51′）。测得了岩石的 K、K_{s}、ν，便可用式（1.52）或式（1.52′）求得 σ_{H}。而 σ_{h} 仍由式（1.50）求得。

在 $\sigma_{\text{H}} > \sigma_{\text{V}} > \sigma_{\text{h}}$ 时，水平最大主压应力方向平行纵向人工裂缝的水平分布方向。

在 $\sigma_{\text{H}} > \sigma_{\text{h}} > \sigma_{\text{V}}$ 时，出现水平裂缝，不能确定 σ_{H} 方向。

在 $\sigma_{\text{V}} > \sigma_{\text{H}} > \sigma_{\text{h}}$ 时，水平最大主压应力方向平行纵向人工裂缝的水平分布方向。

测量时，用取出的岩芯或井下电视来选择孔壁完整的井段作为测量段；把橡胶封隔器下至测量段，把它封死；向封隔空间注液，压裂钻孔；泵压曲线突然下降后关泵，把压力管路封闭，再把开管路通向大气；取泵压曲线突然下降点的压力为 P_{f}，或取泵压曲线上升段偏离直线段之点的压力作为 P_{f}，此时破裂开始；关泵后的压力为 P_{c}，此时裂缝张开；打开管路通大气所得的液压为 P，重复起泵加压，此时泵压曲线突然下降点的压力为 P_{r}，或取泵压曲线上升段偏离平行初始加压段直线之点的压力作为 P_{r}，此时裂缝重新张开；再关泵测得 P_{c}，打开管路测得 P，如此重复直至 P_{c}、P 有稳定值；然后泄压，取出封隔器；把带罗盘的压力印模下至测量段测定裂缝方位，或用与罗盘固定在一起的照相机拍照裂缝。

作者 1995 年提出了在正交异性岩体中进行水力压裂应力测量的原理和方法。岩体的力学性质，一般都具有不同程度的水平各向异性。在水平正交异性岩体的铅直钻孔中，用水力压裂法进行应力测量，孔壁上的周向应力 σ_{θ} 在哪个方位先达到岩体此方位的水平抗张强度 σ_{t}，便在哪个方位先发生平行孔轴的张性断裂。此种张性断裂所在水平方向，不一定是水平最大主压应力方向。只有当岩体力学性质为水平各向同性时，此张性断裂所在水平方向，才是水平最大主压应力方向，而水平二主应力也才满足关系式（1.51）、式（1.50），这是一种特殊情况。

在测量钻孔的待测孔段取定向岩芯，用之测得水平各方向的弹性模量，得知水平二弹性主方向 X、Y，以及此二方向的弹性模量 E_{x}、E_{y}，并测得水平方向的剪切模量 G_{xy} 和泊松比 ν_{xy}。将这些参量代入下列弹性参量关系式

$$\left.\begin{array}{l} \rho_x \rho_y = \sqrt{\dfrac{E_x}{E_y}} \\[4mm] \rho_x^2 + \rho_y^2 = 2\nu_{yx} - \dfrac{E_x}{G_{xy}} \\[4mm] n = \sqrt{2\left(\dfrac{E_x}{E_y} - \nu_{yx}\right) + \dfrac{E_x}{G_{xy}}} \end{array}\right\}$$

联立解得 ρ_x、ρ_y、n。

在测量孔段，测得破裂压力 P_f 和张性裂缝与岩体弹性主轴 X 的水平交角 θ（图 1.16），此角从 X 轴起以逆时针方向为正。

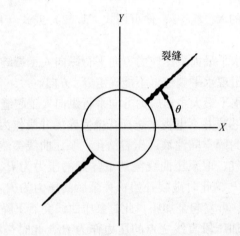

图 1.16　钻孔围岩水平弹性主轴与水力压裂裂缝的关系

岩体受与 X 轴成 α_1 角的水平最大主压应力 σ_1 作用所引起的孔壁周向应力（图 1.17）：

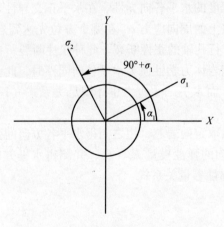

图 1.17　钻孔围岩水平弹性主轴与水平二主应力方向的关系

$$\sigma_{\theta 1} = \frac{\sigma_1}{E_x W} \{ [\cos^2\alpha_1 + (\rho_x \rho_y - n)\sin^2\alpha_1] \rho_x \rho_y \cos^2\theta$$

$$+ [(1 + n)\cos^2\alpha_1 + \rho_x \rho_y \sin^2\alpha_1]\sin^2\theta$$

$$- n(1 + n - \rho_x \rho_y)\sin\alpha_1 \cos\alpha_1 \sin\theta\cos\theta \} \qquad (1.53)$$

岩体受与 X 轴成（$90° + \alpha_1$）角方向的水平最小主压应力 σ_2 作用所引起的孔壁周向应力（图 1.17）：

$$\sigma_{\theta 2} = \frac{\sigma_2}{E_x W} \{ [\cos^2(90° + \alpha_1) + (\rho_x \rho_y - n)\sin^2(90° + \alpha_1)] \rho_x \rho_y \cos^2\theta$$

$$+ [(1 + n)\cos^2(90° + \alpha_1) + \rho_x \rho_y \sin^2(90° + \alpha_1)]\sin^2\theta$$

$$- n(1 + n - \rho_x \rho_y)\sin(90° + \alpha_1)\cos(90° + \alpha_1)\sin\theta\cos\theta \} \qquad (1.54)$$

α_1 角从 X 轴量起以逆时针方向为正。岩体受孔内各向均匀水压 P' 作用所引起的孔壁周向应力：

$$\sigma_{\theta P'} = \frac{P'}{E_x W} [\rho_x \rho_y + n(\sin^2\theta - \rho_x \rho_y \cos^2\theta) + (1 + \rho_x^2)(1 + \rho_y^2)\sin^2\theta] \qquad (1.55)$$

由于

$$W = \frac{\sin^4\theta}{E_x} + \left(\frac{1}{G_{xy}} - \frac{2\nu_{yx}}{E_x} \right)\sin^2\theta\cos^2\theta + \frac{\cos^4\theta}{E_y} \qquad (1.56)$$

将 W 代入式（1.55），可解得 $\sigma_{\theta P'}$ 的大小。

当孔壁孔内水压 P' 及 $\sigma_{\theta 1}$、$\sigma_{\theta 2}$ 作用而发生张裂时，岩体在破裂方位的水平周向抗张强度：

$$\sigma_t = \sigma_{\theta 1} + \sigma_{\theta 2} + \sigma_{\theta P'} \qquad (1.57)$$

σ_t 的大小，可用定向岩芯在张裂的方位测得，或由现场（$P_f - P_r$）而得。

将式（1.56）代入式（1.53）、式（1.54）后，再将 σ_t、$\sigma_{\theta 1}$、$\sigma_{\theta 2}$、$\sigma_{\theta P'}$ 一并代入式（1.57），由于 $\sigma_2 = P_c$，$P' = P_f$，则此时式（1.57）中的未知量只有 σ_1、α_1。于是，这个式子可简化表示为

$$\sigma_1 = f(\alpha_1) \qquad (1.58)$$

上述的 σ_1、σ_2 是水平二主应力 σ_H、σ_h，而不是任意二正交方向的正应力，故 σ_1 还须满足水平最大主压应力的条件，即在应力主轴 1 的方向角 α_1 处，式（1.58）对 α 的偏导数

为零，

$$\frac{\partial \sigma_1(\alpha_1)}{\partial \alpha} = \frac{\partial f(\alpha_1)}{\partial \alpha} = 0 \tag{1.59}$$

同时，在左右邻域的 $\alpha \neq \alpha_1$ 角域，$\sigma_1(\alpha) < \sigma_1(\alpha_1)$。式（1.59）中，只有一个未知量 α_1。由之，可求得 α_1，以逆时针方向为正。将 α_1 代入式（1.57），可求得 σ_1 即 σ_H 值。

第四节 岩体内应力场作用

一、造成岩体的构造运动

岩体构造运动表现：

1. 构造变形

在构造应力场作用下，岩体最广泛的构造变形形式是褶皱，其形成的力学分析如下。

沿 X、Z 轴的水平板状地块，X 轴向长 l，Y 轴向厚 h，$l \geqslant h$，Z 轴向无限长，两端固定。端面上沿 Z 轴均匀分布 X 轴向单位面积压力 p。地块上覆有厚 h_0 密度 ρ_0 的沉积土层。下伏软流层。

地块上表面向下的单位面积压力 $q_1(x) = \rho_0 g h_0$。地块向下挠曲 w 时，其底面的深度为 $(h_0 + h + w)$，底面上的重力为

$$\rho g h + \rho_0 g (h_0 + w)$$

地块不挠曲只加厚时，深 $(h_0 + h + w)$ 处的重力为

$$\rho_0 g h_0 + \rho g (h + w)$$

因地块的 $\rho > \rho_0$，地块向下挠曲 w 是用同厚的土层取代了同厚的地层，因而使挠曲地块底面受一向上的压力

$$q_2(x) = [\rho_0 g h_0 + \rho g(h + w)] - [\rho g h + \rho_0 g(h_0 + w)] = (\rho - \rho_0) g w$$

于是，地块所受铅直向下的压力

$$q(x) = q_1(x) - q_2(x) = \rho_0 g(h_0 + w) - \rho g w \tag{1.60}$$

地块在沿 X 轴向 $\mathrm{d}x$ 段上，有沿 Z 轴均匀分布的水平压力 p，沿 Z 轴分布的向下压力 $q(x)\mathrm{d}x$，以及由地块内铅直方向剪应力对截面积的积分所得的沿 Z 轴分布的截面上的铅直剪切力 T，其在 $\mathrm{d}x$ 段的增量为 $\mathrm{d}T$。则 $\mathrm{d}x$ 段，由在铅直向力的平衡，得

$$q(x)\,\mathrm{d}x + \mathrm{d}T = 0$$

于是，剪力 T 与外载 $q(x)$ 有关系

$$\frac{\mathrm{d}T}{\mathrm{d}x} = -q(x) \qquad (1.61)$$

地块向下挠曲时，上半部沿 X 轴向压缩，其中的正应力 σ_x 取为正；下半部沿 X 轴向拉伸，其中的正应力 σ_x 取为负；中间面 $y = 0$ 上沿 X 轴向的正应力 $\sigma_x = 0$。此种 X 轴向正应力，在厚 $\mathrm{d}y$ 段产生力 $\sigma_x \mathrm{d}y$，其对地块中点有力矩 $\sigma_x \mathrm{d}y \cdot y$，于是对横截面积分得反时针弯矩

$$M = \int_{-h/2}^{h/2} \sigma_x y \mathrm{d}y \qquad (1.62)$$

p 与挠度 $-\mathrm{d}w$ 有反时针力矩 $-p\mathrm{d}w$，T 与 $\mathrm{d}x$ 有顺时针力矩 $T\mathrm{d}x$。则 $\mathrm{d}x$ 段的力矩 $\mathrm{d}M$ 与力矩 $-pw$ 和力矩 $T\mathrm{d}x$ 有平衡关系

$$\mathrm{d}M - p\mathrm{d}w = T\mathrm{d}x$$

得

$$\frac{\mathrm{d}M}{\mathrm{d}x} = p\frac{\mathrm{d}w}{\mathrm{d}x} + T$$

对 x 求导并引入式（1.61），得

$$\frac{\mathrm{d}^2 M}{\mathrm{d}x^2} = p\frac{\mathrm{d}^2 w}{\mathrm{d}x^2} - q(x) \qquad (1.63)$$

此地块挠曲属平面问题，物性方程为

$$\left.\begin{aligned}
e_x &= \frac{1}{E'}(\sigma_x - \nu'\sigma_z) \\
e_z &= \frac{1}{E'}(\sigma_z - \nu'\sigma_x)
\end{aligned}\right]$$

$e_z = 0$，由此二式得

$$\sigma_x = \frac{E'}{1 - \nu'^2} e_x$$

代入式（1.62），得

$$M = \frac{E'}{1 - \nu'^2} \int_{-h/2}^{h/2} e_x y \mathrm{d}y \tag{1.64}$$

e_x 取决于到中间面的横向距离 y 和曲率半径 r。距中间面 y 处沿中间面长度的 x 轴向一段长度

$$\mathrm{d}l = -y \frac{l}{r}$$

则得

$$e_x = -\frac{\mathrm{d}l}{l} = \frac{y}{r} \tag{1.65}$$

中间面斜率为 $-\dfrac{\mathrm{d}w}{\mathrm{d}x}$，是中间面对水平面的偏转角 α，则 α 在 $\mathrm{d}x$ 处的改变

$$\mathrm{d}\alpha = \frac{\mathrm{d}\alpha}{\mathrm{d}x} \mathrm{d}x = \frac{\mathrm{d}\alpha}{\mathrm{d}x} \left(-\frac{\mathrm{d}w}{\mathrm{d}x} \right) \mathrm{d}x = -\frac{\mathrm{d}^2 w}{\mathrm{d}x^2} \mathrm{d}x$$

由于

$$\frac{1}{r} \doteq -\frac{\mathrm{d}^2 w}{\mathrm{d}x^2} \tag{1.66}$$

代入式（1.65），得

$$e_x = -y \frac{\mathrm{d}^2 w}{\mathrm{d}x^2}$$

于是，式（1.64）可写为

$$M = -\frac{E'}{1 - \nu'^2} \frac{\mathrm{d}^2 w}{\mathrm{d}x^2} \int_{h/2}^{h/2} y^2 \mathrm{d}y = -\frac{E' h^3}{12(1 - \nu'^2)} \frac{\mathrm{d}^2 w}{\mathrm{d}x^2} \tag{1.67}$$

右边系数为地块抗弯刚度

$$D = \frac{E'h^3}{12(1 - \nu'^2)}$$ (1.68)

则得

$$M = -D\frac{\mathrm{d}^2 w}{\mathrm{d}x^2}$$

将其二阶导数代入式（1.63），得地块挠度方程，为

$$D\frac{\mathrm{d}^4 w}{\mathrm{d}x^4} + p\frac{\mathrm{d}^2 w}{\mathrm{d}x^2} - q(x) = 0$$ (1.69)

讨论地块挠曲方程，可令 $q_1(x) = 0$，则由式（1.60）知 $q(x) = -q_2(x) = -(\rho - \rho_0)gw$，则式（1.69）变为

$$D\frac{\mathrm{d}^4 w}{\mathrm{d}x^4} + p\frac{\mathrm{d}^2 w}{\mathrm{d}x^2} + (\rho - \rho_0)gw = 0$$ (1.70)

当水平压力 p 超过临界压力时，无限长地块（$l \to \infty$）变得不稳定，而成正弦曲线形

$$w = w_0 \sin 2\pi \frac{x}{\lambda}$$

λ 为正弦地形波长，w_0 是挠曲幅度。代入式（1.70），得

$$D\left(\frac{2\pi}{\lambda}\right)^4 - p\left(\frac{2\pi}{\lambda}\right)^2 + (\rho - \rho_0)g = 0$$

其解为

$$\left(\frac{2\pi}{\lambda}\right)^2 = \frac{1}{2D}[p \pm \sqrt{p^2 - 4(\rho - \rho_0)gD}]$$ (1.71)

当 p 超过临界值时，有一个解。临界值

$$p_c = \sqrt{4(\rho - \rho_0)gD}$$

而水平向临界应力

$$\sigma_c = \frac{p_c}{h} = \sqrt{\frac{E(\rho - \rho_0)gh}{3(1 - \nu'^2)}}$$

由式（1.71）得地形挠曲波长

$$\lambda_c = 2\pi\sqrt{\frac{2D}{P_c}}$$

若令 $q(x) = q_1(x) + q_2(x) = 0$，则式（1.70）成为

$$D\frac{\mathrm{d}^4w}{\mathrm{d}x^4} + p\frac{\mathrm{d}^2w}{\mathrm{d}x^2} = 0$$

积分两次，得

$$D\frac{\mathrm{d}^4w}{\mathrm{d}x^4} + pw = C_1x + C_2$$

在 $x = 0$、l 处，$w = 0$，$\frac{\mathrm{d}^2w}{\mathrm{d}x^2} = 0$，此条件使积分常数 $C_1 = C_2 = 0$，故上式化为

$$D\frac{\mathrm{d}^2w}{\mathrm{d}x^2} + pw = 0$$

此式的通解为

$$w = C_1\sin\sqrt{\frac{p}{D}} \cdot x + C_2\cos\sqrt{\frac{p}{D}} \cdot x$$

在 $x = 0$ 处，$C_2 = 0$，则

$$w = C_1\sin\sqrt{\frac{p}{D}} \cdot x$$

在 $x = l$ 处，$w = 0$，若 $C_1 \neq 0$，必

$$\sin\sqrt{\frac{p}{D}} \cdot l = 0$$

可见，$\sqrt{\dfrac{p}{D}}\cdot l$ 应是 π 的整数倍，即

$$\sin\sqrt{\frac{p}{D}}\cdot l = n\pi \qquad n = 1,2,3\cdots \tag{1.72}$$

解此方程，得

$$p = \frac{n^2\pi^2}{l^2}D$$

对此式的一系列 p 值，有 w 的非零解。$n=1$ 时，w 最小，此时

$$p_\mathrm{c} = \frac{n^2}{l^2}D$$

这便是地块出现挠曲的最小水平压力，即临界压力。p 小于这个值，$C_1=0$，$w=0$，地块不挠曲，不形成褶皱。

开始挠曲时，地块成半正弦曲线形。

$$w = C_1\sin\sqrt{\frac{p}{D}}\cdot x$$

引入式（1.72），得

$$w = C_1\sin\frac{\pi}{l}\cdot x$$

地块上覆和下伏物质作用于地块的力，都影响地块褶皱的临界压力和褶皱形态。

试取 $E' = 100\mathrm{GPa}$，$\nu' = 0.25$，$\rho_0 = 1000\mathrm{kg/m^3}$，$\rho = 3300\mathrm{kg/m^3}$，$h = 1\mathrm{km}$，可求得 $\sigma_\mathrm{c} = 900\mathrm{MPa}$，$\lambda_\mathrm{c} = 28\mathrm{km}$。

波形褶皱，对水平沉积地层表现为相间的背斜和向斜，对复杂的大地块则表现为相间的隆起和沉降带。受力性质不同，可是川字形压性褶皱群，可是错列的剪压性褶皱群以及和与其共轭的剪张性断裂共同构成的多字形构造。若水平地块下伏软流层强度较高，上覆沉积层铅直压力较小，则由于水平压力引起的铅直向泊松效应使地块向上变形，而易于向上失稳，形成背斜；若地块下伏软流层强度较低，上覆沉积层铅直压力较大，则由于重应力的参预，而易于向下失稳，形成向斜。

2. 构造断裂

地壳的诸多构造形象中，以断裂为主。断裂构造与褶皱构造相比更加强烈：分布广，除

分布于大陆外，还在大洋中大范围分布；深度大，褶皱变形只涉及地壳表层而向深部消失，断裂深至 700km，穿透了地壳，就单体规模而言，只有深大断裂，而没有深大褶皱；成网络，在地壳分布成经向、纬向、共轭斜向，把地壳切割成碎块；作用强，整个地壳是由断裂切割成的块体所构成，使地幔物质沿之上溢及至流出地表而沟通上下，成为地球物质上流而大规模改变地球质量分布的通道。

构造断裂的成因，地学中有两类假说：一类是传统假说，认为地球形成后表层熔（溶）结起来形成连续球壳，然后在各种构造动力作用下裂开而成各种走向分布规则的断裂带，即把这些断裂带的成因全部归之于后来构造力的作用，而不管这些断裂的形成是否能用之做全部解释，也都免免强强地得到了各自的成因归宿，称之为"完整球壳说"；另一类是作者提出的新生假说，认为地球作为一个天体，其形成是由各种小天体碎块在引力作用下聚集而成，因而从一开始就布满了各块体之间的缝隙，后来高处被风化剥蚀沉积到底处而形成平原，成岩后又沿原有缝隙向外延裂，在延裂中由于受后来构造力的影响而具有逐渐规则化的走向，各地块之间为了适应后来的构造运动也在不断地调整，使得后来的断裂活动多是对原有缝隙的改造而具有继承性，如整体成圆环型分布的环太平洋深大断裂带，而另一部分断裂则是在后来的构造运动中形成的，这使得原生断裂和后生断裂都有相当程度上的统一性。这称之为"碎块球壳说"。

构造断裂，按其形成时的裂面力学性质来划分，只有两种：张裂，如裂谷、张节理，是岩体的脆性破裂；剪裂，如断层、剪节理，是岩体的柔性破裂。按其形成时两盘岩体水平相对移动方式划分，则基本上有三种：张性断裂，如正断层、裂谷，两盘岩体水平拉张；剪性断裂，如平断层、剪节理，两盘岩体水平剪切；压性断裂，如冲断层，两盘岩体水平缩压。

取压应力为正，水平最大、最小和铅直主应力表示为 σ_H、σ_h、σ_V，则

形成张裂的应力状态：铅直张裂 $\sigma_H > \sigma_V > \sigma_h$

水平张裂 $\sigma_H > \sigma_h > \sigma_V$

形成剪裂的应力状态：正断层 $\sigma_V > \sigma_H > \sigma_h$

冲断层 $\sigma_H > \sigma_h > \sigma_V$

平断层 $\sigma_H > \sigma_V > \sigma_h$

3. 构造组构

岩体在构造运动中形成的构造组构，有晶面和晶界滑移、晶粒变形和转动、晶粒和晶间物质碎裂、晶粒有残余应力和出现应力矿物等特点。这是构造组构与原生组构的根本区别。

后生组构又分两大类：宏观组构，如片理、砾形排列；显微组构，如解理面，滑移面、晶面和晶轴规则排列。

组构实验结果表明：

（1）岩块在单轴拉伸或压缩下所形成的晶粒定向组构，与拉伸或压缩方向有明确的关系。

（2）岩块在拉伸或压缩下形成的晶粒定向组构规律，随温度的升高，载荷的增大，时间的延长，而增强。

（3）晶粒已有定向规律组构的岩块再次受载后，晶粒则转到与最后一次受载方式相应的组构规律，做新的定向排列。

由上可知，由于岩石成岩后将参加所经历的历次构造运动，其中的造岩矿物晶粒都将随

构造运动的方式而发生多次不同程度的转动。这对成岩时沉积固结或熔岩结晶成的岩石原始晶粒排列方位，会造成不同程度的改变。即岩石所记录的成岩时的晶粒排列方位，只要岩石参与了后来的构造运动，都会发生不同方式和不同程度的改变，而已经不再是原始的排列方位了。这将会给古地磁的研究增加困难。

4. 构造矿物

岩体变形时，可发生长石、云母晶粒弯曲，石英晶粒波状消光，光轴角改变，光的折射率变更，软晶粒压扁和出现滑移带，以至发生破裂带，有些矿物须在一定压力下才得以形成。这些在构造运动中受应力作用发生形状和结构变化而出现的矿物，为构造矿物。它们记载着构造运动中应力的作用方式、方向和大小。

岩体中的构造矿物，反映小范围内构造应力场的分布，须要对多个测点进行多数晶粒的大量统计测量，排除局部影响，才可求得各测点应力的统计性质、方向和大小，再扩大到地区。

二、影响其他地球物理场

地壳构造运动，可引起一系列附生现象。变化较快的有重力变化、地磁变化、地电变化、地热活动、液气流动和地震活动。变化缓慢的有地形改变、江河改道、气候变化、侵蚀沉积和海陆变迁等。这些现象变化的原因，就全面而论都是多方面的，构造运动只是其中之一，但有时是主要的。

第二章　工程岩体的力学性质

地壳的构造变形和断裂，是构造应力场作用的反映，是构造应力场客观存在的直接证明。这种变形和断裂的强弱程度，取决于构造应力的大小、作用时间的长短和岩体的力学性质。而岩体的力学性质却相差悬殊，相差大者的力学参量可差几十倍至几百倍。这使得在同一时间内，有的岩体在很大应力作用下变形并不显著，而有的岩体在很小应力作用下很快就发生明显变形；有的岩体在很大应力作用下破裂甚微或不破裂，而有的岩体在很小应力作用下就发生剧烈破碎；有的岩体在较大应力作用下微裂很少就断裂，而有的岩体在较小应力作用下接连发生大量微裂后才断裂。可见，在同一时间内，虽然在同样构造应力作用下，但在岩体力学性质不同的地区将产生不同的构造形迹和不同大小的应变和断裂，而产生同样应变和断裂却常反映不同大小的构造应力作用。古老脆硬岩体构成的地带和毗连的强塑性新地层构成的地带，同时受同样水平压力作用时却可发生不同的构造反映，其变形的程度和形式各异，脆硬地带易生断裂，强塑性地带却易生褶皱。这说明，构造应力与岩体力学性质的矛盾，构成了岩体构造运动的主要矛盾。构造应力是构造运动的动力，构造运动是由于它的存在才得以发生，因而是矛盾的主要方面；但岩体力学性质是对构造变形和断裂的抵抗能力，它使得岩体构造运动以不同形式和不同程度表现出来，作为主要矛盾的一个方面也十分重要。因之，研究构造应力场必须与岩体力学性质的研究同时进行，它们共同构成了解决构造运动问题的根本环节。

构造应力场是构造运动的直接原因，岩体力学性质是反映构造应力作用结果的基本因素。前者决定构造运动的发生、时间和方式，两者共同决定构造运动的形态、强度、发展和转变。

岩体构造运动是在构造应力作用下发生的，是反映构造应力场作用的基本运动；构造应力场作用在运动的岩体中，以岩体的运动来表现其存在。二者互相依存，互相影响。因而，研究岩体力学性质，可以了解岩体用什么形式和怎样的规律来表现其中的应力场，这是研究构造应力场的重要途径和不可少的前提。

本章，提出了岩体在残余和现代应力叠加场中须使用在此种双重动力作用下的综合力学性质，而不能再用只在现加应力作用下的普通力学性质。重点讨论了综合强度概念及各种综合强度之间的相互关系，并据此建立岩体在叠加应力场中的力学方程。固体力学有史以来一直使用固体在现加载荷下的普通力学性质参量，已在金属学、材料力学、弹性力学、塑性力学、岩体力学中广为应用。因此，提出运用岩体在残余和现今叠加应力作用下的综合力学性质，可称是本书的第二个特点。

第一节　岩体综合力学性质

岩体是由岩块和岩块间的不连续面或低强度面等结构面构成的。岩块是连续的岩石块体，是组成岩体的基本实体。为了解岩体力学性质，必须首先了解岩块力学性质。实际上的研究历史过程，不论是室内实验还是现场测量，也都是从岩块力学性质开始的。

一、岩块综合强度

岩块受载变形和断裂以示其对所受应力的抵抗能力，这种表示岩块受力作用而发生变形和断裂的物理性能，为力学性质。这里，一方面是外加载荷，无外载荷作用岩块就不出现构造变形和断裂；一方面是岩块对应力作用的抵抗，这种抵抗能力就是岩块的力学性质。直接反映岩块受力变形和断裂过程的基本力学量——应力与应变及断裂关系的力学性质，为基本力学性质。这种性质，可表现在显示应力与应变及断裂关系的各种形变曲线中，也可体现为此种曲线上所表示的各种力学量，如弹性模量、变形模量等。岩块对受力变形的抵抗能力，又称广义强度。各种模量，都属广义强度的表示量。其他与基本力学性质有一定关系并可由之推算而得的导出力学量，如硬度、刚度、研磨系数、楔劈韧度等，则属辅助力学性质。而抗剪强度、抗压强度等抗断强度，则称为狭义强度或极限强度。

岩块受压机的机械作用至破坏时压机对岩块的单位面积作用力，为极限强度。这是 20 世纪以来国内外岩石力学界、材料力学界和固体力学界，都循用的固体强度定义。称此为普通强度。

现代地壳构造变形和断裂，是在残余应力场和现代应力场的叠加场作用下发生的。因而，岩块的极限强度，不仅取决于破坏时作用在其中的现代应力值，还与岩块中和现代应力同方向的残余应力有关，为二者共同作用的结果，是二者之和。此种在残余和现代应力共同作用下的极限强度，为岩块综合极限强度简称综合强度。用岩块普通强度值时，即使在同一地点同一地层层位中采样的测值，也相当分散。而综合强度的测值则比较稳定（表 2.1 至表 2.5）。这种强度更符合地块的实际受力状况，因而在油气开发、岩体工程和地震预测中，更有实用价值。

实验用的完整岩石是采自各同一岩层或岩体中不同部位的石灰岩、玄武岩、花岗岩、片麻岩和砂岩。高温高围压下烧结岩面实验用的岩石是采自各同一岩体中不同部位的玄武岩和花岗岩。

由于残余剪应力 τ_{r13} 与最大、最小残余主应力 σ_{r1}、σ_{r3} 之间有关系（图 2.1）：

$$\tau_{r13} = \frac{\sigma_{r1} - \sigma_{r3}}{2}\sin2\gamma_1$$

γ_1 为 τ_{r13} 所在平面 (a, b) 的法向与主轴 1 的交角，此角的大小在岩石沿 (a, b) 面发生剪切破裂时约为 50°。故将已测得残余主应力大小和方向的岩块，切制成平行 (a, b) 面法线 n 的长柱体，放入图 2.2 所示的加载块中，测得剪断时 τ_{r13} 方向的现加剪切应力值，即普通抗剪强度

$$\tau_{sp} = \tau_p\cos40°$$

此时的 τ_{r13} 则表示为 τ_{sr}，得试件此方向的综合抗剪强度

$$\tau_s = \tau_{sr} + \tau_{sp}$$

二接触岩面在高温高围压下烧结后的烧结面普通抗剪强度为 τ'_{sp}。实验温度为 300℃，围压为 300MPa，烧结时间为 10 天。测得接触岩面烧结后的烧结面综合抗剪强度

$$\tau'_s = \tau'_{sr} + \tau'_{sp}$$

采自同一岩层或岩体中不同部位的岩石，在相同物理条件下，受同方向残余和现今剪应力共同作用下的综合抗剪强度列于表 2.1。二接触岩面在高温高围压下烧结后的烧结面综合抗剪强度列于表 2.2。

表 2.1　岩石在同方向残余和现加剪应力共同作用下的综合抗剪强度实验结果（单位：MPa）

石灰岩			玄武岩			花岗岩		
τ_{sr}	τ_{sp}	τ_s	τ_{sr}	τ_{sp}	τ_s	τ_{sr}	τ_{sp}	τ_s
0.9	89.2	90.1	1.0	56.5	57.5	0.9	50.8	51.7
2.3	89.1	91.4	1.3	57.8	59.1	1.9	49.0	50.9
2.7	86.8	89.5	1.7	55.2	56.9	1.2	50.0	51.2
3.2	88.1	91.3	3.1	54.1	57.2	3.7	49.0	52.7
5.4	84.5	89.9	4.6	54.0	58.6	6.5	44.5	51.0
7.4	82.8	90.2	5.8	53.6	59.4	7.3	45.0	52.3
7.8	85.0	92.8	7.2	51.9	59.1	7.7	44.1	51.8
8.3	81.5	89.8	7.9	48.3	56.2	8.1	44.0	52.1
9.3	81.2	90.5	8.9	48.1	57.0	8.5	42.0	50.5
平均：90.6±1.2			平均：57.9±1.7			平均：51.6±1.1		
片麻岩			砂岩					
τ_{sr}	τ_{sp}	τ_s	τ_{sr}	τ_{sp}	τ_s			
1.6	26.0	27.6	1.0	15.0	16.0			
3.5	24.0	27.5	1.8	15.6	17.4			
3.8	26.0	29.8	2.3	15.7	18.0			
4.2	24.0	28.2	3.3	13.5	16.8			
5.3	24.6	30.0	5.2	10.0	15.2			
5.8	20.0	25.8	6.8	10.1	16.9			
5.9	23.0	28.9	7.3	10.2	17.5			
8.2	18.0	26.2	7.6	8.0	15.6			
8.6	20.8	29.4	7.8	9.5	17.3			
			8.7	6.8	15.5			
平均：28.2±1.7			8.8	8.2	17.0			
			平均：16.7±1.5					

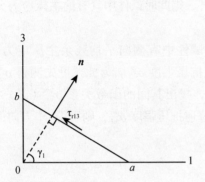

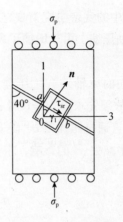

图 2.1　岩石试件中的应力关系　　　图 2.2　剪切实验加载块中的剪切方式

表 2.2　二接触岩面在 300℃、300MPa 围压下经 10 天烧结后的烧结面综合抗剪强度（单位：MPa）

玄武岩			花岗岩		
τ_{sr}	τ_{sp}	τ_s	τ_{sr}	τ_{sp}	τ_s
1. 1	39. 0	40. 1	1. 1	32. 8	33. 9
1. 7	37. 5	39. 2	1. 8	32. 3	34. 1
3. 0	36. 5	39. 5	3. 5	30. 6	34. 1
3. 4	36. 7	40. 1	4. 0	28. 7	32. 7
4. 0	36. 1	40. 1	6. 1	26. 5	32. 6
7. 4	31. 8	39. 2	6. 8	26. 0	32. 8
7. 8	32. 3	40. 1	8. 2	24. 5	32. 7
9. 0	30. 1	39. 1	9. 1	24. 0	33. 1
平均：39. 7 ±0. 6			平均：33. 3 ±0. 8		

从上述实验结果可得如下结论：

（1）各实验试件虽是采自各同一岩层或同一岩体中的不同部位，但其普通抗剪强度值却相当分散。

（2）同一岩层或同一岩体中不同部位的岩石试件，在同样物理条件下测得的综合抗剪强度或烧结面综合抗剪强度，则约近于一恒定值。

（3）同一岩层或同一岩体不同部位岩石的综合抗剪强度或烧结面综合抗剪强度值，仍有一小范围的分散度，这与不同部位的岩石结构、晶粒大小和矿物成分不尽相同以及实验误差有关。

作者通过实验发现，岩石抗压强度，不仅取决于岩石试件在压机上受载破坏时的现加压应力值，还与岩石试件中所含与压机压缩同方向的残余压应力值有关，而为这两个应力之和，称此种在残余和现加应力共同作用下的抗压强度为岩石综合抗压强度。

实验用的完整岩石，是采自同一岩层或同一岩体中结构相同部位的石英岩、石灰岩和片麻岩。先测得其中的残余主应力 σ_1^r、σ_2^r、σ_3^r，再沿这三个主方向切制成方试件。放在压机上沿 σ_1^r 方向单轴压缩。由于增加了现今主压应力 σ_1^p，则此时试件中具有的主压应力分量为 σ_1^r、σ_2^r、σ_3^r、σ_1^p。

为求 σ_1^r 方向的单轴综合抗压强度，由于此时试件中有侧向平均残余主压应力 $\sigma^r = (\sigma_2^r + \sigma_3^r)/2$，故须先求得 $\sigma^r = 0$ 时 σ_1^r 方向的普通抗压强度 σ_{c1}^p。为此，可先测得 σ_1^r 为某定值时此方向的普通抗压强度 σ_{c1}^{pr} 随 σ^r 的变化曲线，找出其间的函数关系 $\sigma_{c1}^{pr}(\sigma^r)$，然后再从测得的 σ_{c1}^{pr} 中减去 σ^r 的影响，求得 $\sigma^r = 0$ 时的普通抗压强度 σ_{c1}^p，则可得 σ_1^r 方向的单轴综合抗压强度

$$\sigma_{c1} = \sigma_{c1}^p + \sigma_1^r$$

在求 σ_1^r 为某定值时 $\sigma_{c1}^{pr} - \sigma^r$ 的函数关系曲线的实际操作中，要从每种岩石中都选出一组试件，要求其中的 σ_1^r 都为某定值，而且 σ^r 又各不相同，很难做到。故可取 σ_1^r 变化在某固定小范围内的试件组，来代替 σ_1^r 为某定值的试验组，测得一种岩石此试件组中的 $\sigma_{c1}^{pr} \sim \sigma^r$ 关系。石英岩试件 σ_1^r 的固定范围选为 $12.9 \sim 14.3\text{MPa}$，石灰岩试件 σ_1^r 的固定范围选为 $14.2 \sim 15.2\text{MPa}$，片麻岩试件 σ_1^r 的固定范围选为 $11.8 \sim 12.7\text{MPa}$。测得岩石中 σ_1^r 固定在这种小范围时，σ_{c1}^{pr} 随 σ^r 的变化曲线示于图 2.3。三种岩石试件的此种曲线，都是直线段，则可求得它们的斜率 a。石英岩试件此种曲线的斜率 $a_1 = 2.5$，石灰岩试件此种曲线的斜率 $a_2 = 5.5$，片麻岩试件此种曲线的斜率 $a_3 = 4.7$。此种曲线表明，侧向平均残余压应力 σ^r 对 σ_{c1}^{pr} 有影响，使之增高 $\Delta\sigma_{c1}^{pr} = a(\sigma_2^r + \sigma_3^r)/2$。

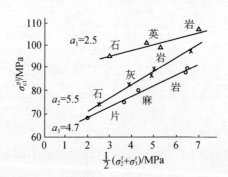

图 2.3　岩石中 σ_1^r 固定在各小范围内时 σ_{c1}^{pr} 随 σ^r 变化曲线

石英岩 σ_1^r 固定范围为 12.9~14.3MPa；石灰岩 σ_1^r 固定范围为 14.2~15.2MPa；片麻岩 σ_1^r

固定范围为 11.8~12.7MPa；a_1、a_2、a_3 分别为石英岩、石灰岩、片麻岩曲线的斜率

由于测量有侧向平均残余压应力时的 σ_1^r 方向普通抗压强度 σ_{c1}^{pr} 中，各试件内有侧向平均残余压应力 $(\sigma_2^r + \sigma_3^r)/2$，其对 σ_{c1}^{pr} 的影响是使得测值增高 $\Delta\sigma_{c1}^{pr}$，则这组试件无侧向平均残余压应力时的普通抗压强度

$$\sigma_{c1}^p = \sigma_{c1}^{pr} - \Delta\sigma_{c1}^{pr}$$

于是，无侧向平均残余压应力时试件在 σ_1^r 方向的综合抗压强度

$$\sigma_{c1} = \sigma_{c1}^p + \sigma_1^r = \sigma_{c1}^{pr} - \frac{a}{2}(\sigma_2^r + \sigma_3^r) + \sigma_1^r$$

循上过程，采自同一岩层或变质岩体中不同部位的石英岩、石灰岩、片麻岩，在相同物理化学条件下，受同方向残余和现今压应力共同作用时，测得的单轴综合抗压强度实验结果分别示于表 2.3、表 2.4、表 2.5。

表 2.3 石英岩综合抗压强度实验结果（单位：MPa）

σ_{c1}^{pr}	$(\sigma_2^r + \sigma_3^r)/2$	$\Delta\sigma_{c1}^{pr} = a_1(\sigma_2^r + \sigma_3^r)/2$	$\sigma_{c1}^p = \sigma_{c1}^{pr} - \Delta\sigma_{c1}^{pr}$	σ_1^r	σ_{c1}
105.1	7.2	18.0	87.1	10.6	97.7
104.0	6.6	16.5	87.5	11.6	99.1
101.2	6.9	17.3	83.9	12.3	96.2
100.0	5.8	14.5	85.5	13.2	98.7
96.9	5.6	14.0	82.9	13.9	96.8
92.5	4.8	12.0	80.5	14.8	97.3
91.5	3.8	9.5	82.0	15.3	96.3
91.8	4.3	10.8	81.0	15.7	96.7
88.0	3.8	9.5	78.5	16.4	94.9
89.2	3.9	9.8	79.4	16.6	96.0
					平均 97.0 ± 2.1 误差为 2.2%

表 2.4 石灰岩综合抗压强度实验结果（单位：MPa）

σ_{c1}^{pr}	$(\sigma_2^r + \sigma_3^r)/2$	$\Delta\sigma_{c1}^{pr} = a_2(\sigma_2^r + \sigma_3^r)/2$	$\sigma_{c1}^p = \sigma_{c1}^{pr} - \Delta\sigma_{c1}^{pr}$	σ_1^r	σ_{c1}
97.0	5.9	32.5	64.5	11.1	75.6
95.5	5.0	27.5	68.0	11.4	79.4
92.1	5.1	28.1	64.0	12.7	76.7
88.6	4.5	24.8	63.8	13.4	77.2
84.8	3.2	17.6	67.2	14.0	81.2
80.4	3.0	16.3	63.9	15.1	79.0
72.5	2.0	11.0	61.5	15.9	77.4
					平均 78.6 ± 2.5 误差为 3.2%

表 2.5　片麻岩综合抗压强度实验结果（单位：MPa）

σ_{e1}^{pr}	$(\sigma_2^r + \sigma_3^r)/2$	$\Delta\sigma_{e1}^{pr} = a_3(\sigma_2^r + \sigma_3^r)/2$	$\sigma_{e1}^{p} = \sigma_{e1}^{pr} - \Delta\sigma_{e1}^{pr}$	σ_1^r	σ_{e1}
96.5	7.1	33.4	63.1	10.3	73.4
97.0	6.8	32.0	65.0	11.1	76.1
92.5	6.0	28.2	64.3	11.6	75.9
90.5	5.1	24.0	66.4	12.4	78.8
85.9	4.0	18.8	67.1	13.0	80.1
81.0	4.0	18.8	62.2	14.0	76.3
77.4	3.8	17.9	59.6	14.8	74.4
72.5	2.7	12.7	60.0	15.0	75.0
70.0	2.1	9.9	60.1	15.5	75.6
					平均 76.2±3.9 误差为 5.1%

根据岩石力学大量岩石普通抗压强度测量结果和上述岩石综合抗压强度实验结果，可得如下结论：

（1）即使是采自同一地层层位的相同岩层或同一岩体中结构相同部位的岩石试件，于相同物理化学条件下，测得的普通抗压强度值也仍然相当分散。而此类岩石试件，于相同物理化学条件下，测得的综合抗压强度值却约近于一个恒定量。

（2）根据岩石普通抗压强度概念，造成地壳岩石现今破裂的应力场，便是现今构造应力场，它成为岩体发生现今构造运动的动力。而根据岩石综合抗压强度概念，造成地壳岩石现今破裂的应力场，则应是现今构造应力场和至今仍残留在岩体中的古构造残余应力场的叠加场，它才是岩体发生现今构造运动的动力。地壳岩体是在这个叠加应力场的作用下，发生现今的构造变形和断裂。

（3）研究和统计岩体现今的受压破裂，要测量的是岩石综合抗压强度，同时还要测量岩体中的现今和残余两种应力场，并把二场叠加起来，了解其对岩体现今构造变形和断裂的作用。

（4）实验也说明了，尽管是采自同一岩层或岩体岩石试件，其普通抗压强度值还是相当分散的一个重要原因，是没有考虑岩石中古构造残余应力的作用。但综合抗压强度值，仍有一个不大的分散度，这与不同部位的岩石结构、晶粒大小和矿物成分等的小量差异及实验误差有关。

（5）岩石综合抗压强度的发现，使地壳力学在对岩石力学性质的认识上前进了一步，也使得基于此建立起来的理论更接近了实际。这对油气勘探开采、震源力学研究和岩体工程设计，都有新的应用价值。

二、岩块强度关系

岩块综合极限强度高于普通极限强度（表 2.6），岩块综合广义强度与综合极限强度成正比（图 2.4、图 2.5），岩块综合弹性模量与综合变形模量也成正比（图 2.4）。

表 2.6　岩块普通极限强度和综合极限强度

岩石	抗压强度/MPa	
	普通强度	综合强度
石英岩	83.8 ± 4.4	97.0 ± 2.1
石灰岩	64.7 ± 3.3	78.6 ± 2.5
片麻岩	63.1 ± 4.0	76.2 ± 3.9
岩石	抗剪强度/MPa	
	普通强度	综合强度
石灰岩	85.4 ± 4.2	90.6 ± 1.2
玄武岩	53.3 ± 5.2	57.9 ± 1.7
花岗岩	46.5 ± 4.5	51.6 ± 1.1
片麻岩	22.9 ± 4.9	28.2 ± 1.7
砂岩	11.2 ± 4.5	16.7 ± 1.5

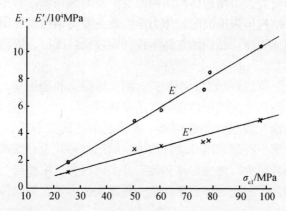

图 2.4　石英岩、石灰岩、片麻岩、闪长岩、大理岩、砂岩单轴压缩下的
综合弹性模量和综合变形模量与综合极限强度的关系

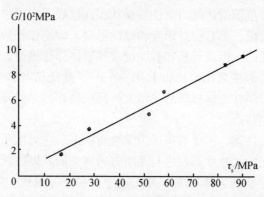

图 2.5　石灰岩、玄武岩、花岗岩、片麻岩、闪长岩、砂岩综合剪切
弹性模量与综合抗剪强度的关系

三、岩体综合强度

1. 岩体基本力学性质

岩体由岩块和其间的结构面构成。

岩体中的结构面是不连续层和低强度层，即裂隙和软夹层。从形态上可分：平行形、交叉形、交错形、蛛网形、米字形、六角形、散交叉形、散交错形、散米字形和散平行形。从结构上可分：断裂面，如断层面、节理面、层错；断续面，如风化面、不整合面、片理面；渐变面，如砂页岩界面、底砾岩界面、层理、流面、蚀变面；夹层面，如页岩夹层、黏土夹层、糜棱岩层、千枚岩层；填充面，如断层泥、岩脉、岩墙、填充断层；破碎面，如构造破碎带、风化破碎层、接触破碎带、冷却破碎带。从程度上可分：贯通状、断续状、支脉状。从强度上可分：硬面，如硅质岩脉、硅胶结层；软面，如泥夹层、黏土充填断层。

结构面的变形，有法向变形和切向变形两种形式。法向压缩变形，由裂隙闭合和压紧、填物压密和压缩变形构成。切向变形，若结构面为裂隙面，则剪应力增加到一定值时裂隙面便开始剪切摩擦滑动。

岩体是由连续岩块和其间的裂隙或夹层构成的整体。连续岩块为结构体，裂隙或夹层为结构面。岩体的变形和断裂，由结构体和结构面变形及断裂构成。岩体的形变是结构体形变和结构面形变的总和。结构体强度高时岩体力学性质主要受结构面控制，结构面强度高时岩体力学性质主要受结构体控制。结构面常是不连续面或低强度层，因而在岩体力学性质中的作用常常更为重要。

岩体力学性质参量，可以现场大面积加载、测量地应力和地形变、岩体模似实验、岩体波速换算、岩体结构计算和大区气压位移等方法来获得。

岩块的外形，由表面、棱楔、尖锥构成。堆积起来的间隙形式，一般为面对面、面对棱、面对尖、棱对棱。第一种形式组合成裂块体，后三种形式组合成堆积体。这两种形式的碎块体，其力学性质相差巨大。地壳岩体和砖砌体多属前者，堆积层、铁轨枕木基石和堆石坝的堆石则属后者。因之，地壳岩体力学，是一种碎块体力学，是固体力学研究领域中的一个新的分支学科。

人类巨型工程已深至海底以下140余米，矿区开挖已深过3km，石油开采已深过9km，断裂活动已深达700km，这也是地震研究深度，温度达1000℃以上，结果的使用期和预防期已延至百年。了解这个范围岩体的力学性质和状态，就成了应用中的重中之重。

岩体受载的各变形阶段，都有弹性形变和塑性形变，即使在开始加载的小载荷下也是如此。只有卸载曲线是弹性的，因而可从卸载曲线求得岩体弹性模量。岩体弹性模量与变形模量之比，即总形变与弹性形变之比，约为$1.05 \sim 6.07$。此比值与岩体风化度有关，总体上是随风化度增强而减小，但在岩体破碎后又增大，反映破碎岩体的弹性有增强趋势，这是碎块体力学性质的一个重要特点。

岩体短时受载的断裂性质，主要取决于力学性质状态。在无围压的脆性状态发生平行压缩方向的张断裂，有围压的柔性状态发生与压缩方向斜交的共轭剪断裂。岩体形变实验结果也说明，在高围压强柔性状态岩体易发生剪断裂网，在中等围压一般柔性状态也发生剪断裂，而在低围压脆性状态则发生张断裂。地壳岩体的破裂，是长期受载发生强塑性变形的结果，多在柔性状态。故多是剪性破裂。平错断层和剪节理的裂面是剪性的，冲断层和正断层的裂面也是剪性的。只是它们形成时所受外力作用方式不同而已。

岩体长期抗压强度，随受载时间的延长而降低，并趋于一恒定值。剪切塑化应力，随剪切速率减小而快速下降。地壳构造断裂的规模常常惊人但地应力值并不高；工程结构长期受低载荷作用便也发生破坏事故，这都是由于岩体较低的长期强度引起的。

地壳岩体已是经过多次构造变形而被断层和节理切割成大量裂块或堆积成杂乱碎块的不连续体。因之，所谓岩体破裂，实际是指继续破裂。故可在构造应力场中对其做如下定义：岩体由于结构改变引起的应力突降，为破裂。

2. 岩体力性影响因素

岩体力学性质，随岩体结构、所处环境和力学状态而变。

1）结构

岩体按力学结构可分两大类：

裂块体——含软夹层块体或切割后又胶结、溶胶、烧结、熔结起来成低强度层块体被不贯通的分散裂隙或隐断裂切割但总体仍保持连续的岩体；被平行、交叉、交错裂缝切割成不连续的块体但尚未发生剧烈转动而仍维持砖砌体形态的岩体。

堆积体——被断裂切割后发生剧烈转动成杂乱堆积状岩体；坡积、冲积、风积的堆积状岩体。

（1）碎度。

岩体单位体积内的块体数，为岩体碎度，或称结构体密度，表示为 ε。岩体中结构面平均距离为结构面间距 d，沿取样线单位长度内的横向结构面数为结构面的面密度 ξ_s。取样线长为 l，横过它的结构面数为 n，则 $\xi_s = \dfrac{n}{l} = \dfrac{1}{d}$。岩体有 n 组不同方向的结构面时，其密度为各组结构面密度之和。也可取单位体积内的结构面数，为结构面的体密度 ξ_b。结构面的面积 a 与岩体同位同向截面面积 A 之比，在整个岩体中所占的百分数 $\eta = \dfrac{a}{A}$（%），为结构面割度。$\eta = 0$，是连续岩块；$\eta = 1$，岩体被横贯割断。岩体有 n 组不同方向的结构面时，

$$\eta = \frac{a_1 + a_2 + \cdots + a_n}{A_1 + A_2 + \cdots + A_n}(\%)$$

岩体按碎度分五等（表2.7）。

表2.7 岩体碎度等级

岩体碎度等级	碎度/m^{-3}
巨块化	$>0 \sim 0.03$
大块化	$0.03 \sim 1$
中块化	$1 \sim 10^3$
小块化	$10^3 \sim 10^5$
糜棱化	$10^6 \sim 10^9$

（2）方位。

岩体内裂隙或软夹层分布方向对力学性质影响甚大，是造成岩体各向异性的重要原因。

2）环境

（1）围压。

岩体随着围压的增大，裂隙压紧和闭合，软夹层压密和硬化，因而使得各种模量和强度均随之增大。

（2）湿度。

岩体夹层或裂隙的抗剪应力，随含水量增加而减小。

（3）温度。

温度不太高时，裂面摩擦系数随温度变化不大，有的微升，有的微降，有的有增有减。

3）状态

（1）外力。

载荷大小：岩体的变形模量和弹性模量，与岩块相反，均随单向载荷的增大而减小。岩体结构面的抗剪应力，随正压力的增大而上升。

加载次数：岩体循环压缩的变形模量和弹性模量，对碎块体和含软夹层岩体，随加载次数的增加而减小。

由上可知，岩体基本力学参量都随应力大小的改变而变化，因而是应力场时空分布的函数，并非独立参量。由于构造应力场动力源的变化、岩体力学性质各影响因素的变化以及构造运动和工程活动对应力场的影响，都不断引起应力场的时空改变，因而也都会影响岩体力学性质，使其不断地随之而变。

（2）时间。

岩体在一定的构造应力作用下，随时间的延长，应变不断增加，此为蠕变。

岩体长期受载的长期抗压强度，随受载时间的延长持续降低，并趋于一恒定值。结构面抗剪应力，随法向压缩时间的延长而增大，也趋于一恒定值。裂面摩擦系数，也随黏住时间的延长而增大。

四、岩体力性特征

（1）岩体变形，由裂隙、夹层和岩块的变形所构成。岩体的形变是结构体形变和结构面形变的总和。岩体的变形和破裂，当结构体强度高时，主要受控于结构面；结构面强度高时，主要受控于结构体。由于结构面常是不连续面和低强度层，因而其作用更加重要：岩块之间的联系是通过结构面的变形和摩擦实现的，因而裂隙形态和延续性、夹层厚度和力学性质、结构面分布和密度、组合形式和岩块接触点数量，是影响岩体整体性质的重要因素；它们使岩体即使在低应力下也同时存在弹性变形和塑性变形，而且不可逆的塑性变形远大于岩块的，使变形中的模量有时是正的，有时是负的，个别情况有近于零的，也有近于无限大的；它们在岩体中造成局部应力集中一，从结构上降低岩体强度，成为导致岩体破坏的重要内在因素。达极限强度时，结构面或连通或再裂或形成切割岩块的新断裂，使应力下降保持抗压、抗剪剩余强度，而抗张强度甚至为零。

（2）岩体中结构体和结构面的强度和分布，共同决定岩体力学性质的各向异性、非均匀性和不连续性。岩块排列得越规则，岩体各向异性越强，岩块排列得越紊乱，则岩体越趋向各向同性；结构面取向或优势取向越少，岩体各向异性越强，含单断裂岩体的各向异性最强，结构面取向越多，则岩体越趋向各向同性；岩块越坚硬、裂隙越平滑、碎块体越大，岩体各向异性越强，相反岩块越柔软、裂隙越粗糙、碎块体越小、节理密度越大，则岩体越趋向各向同性。因而只有大范围岩体、弱面大小与岩体相比可忽略不计、数量多且杂乱分布、岩块性质复杂排列紊乱，因而不能明显显示力学性质的方向性，而使用的要求又是半定量的时，才可近似视其为统计上的各向同性均质体。于是，处理此种问题可有两条途径：裂隙尺寸与岩体相比较大时，可以岩块为基质，把裂隙单作一种力学影响放在分析中另作处理；裂隙尺寸与岩体相比较小时，可以岩体为基质，把裂隙影响包括在基质性质中来处理。岩块被胶结、熔结成高强度胶熔体、裂隙被高强度灌浆硅化成固结体、岩体裂隙被高围压压密闭合成压合体时，则可近似把岩体看做连续体，视体中应力、应变为坐标的连续函数。

（3）岩体是由多种形状的岩块和以各种形式交织起来的裂隙与夹层构成的结构体，其变形是由岩块变形、移动、转动和结构面张压、错动、改变构式来实现的，加之其本身结构的复杂性、所处环境和受力状态的时空多变性又都是影响其力学性质的重要因素，因而使得其力学性质具有时空多变性而不稳定，即使是实测的力学参量，也只能是时间、环境和受力状态的函数，不可能是恒量，而是可变的，并且是统计的一级近似值。

（4）岩体在结构上，大尺度的结合力与岩块小尺度的结合力相比，缺陷尺寸较大，排列均匀程度较低，不连续面和低强度面造成结合力降低，使得同载荷下的形变量远大于岩块的；岩体力学性质与其所经历过的历史演变过程有关。不可逆的塑性变形和断裂能给出重要而巨大的历史运动记录，其同载荷下的形变量比其岩块的大 1～2 个数量级以上；岩体是经过历次构造运动或人类工程破坏了的地质体，其力学性质是已经破坏了的或又被不同程度连结起来的碎块体在构造应力场作用下继续变形和继续破坏的性质，其强度是碎块体的剩余强度，应力达此强度值时即使保持不变，形变也持续增大，断裂也将继续发展。这些都使得岩体的各种模量和强度，比其岩块的低很多。

（5）岩体各种力学参量，都是结构体和结构面变形和破坏的统一结果，因而相互之间保持有一定的统计的近线性的规律性联系。

（6）岩体的力学参量，高低分布范围较大。

（7）岩体所受围压随所处深度的增加而增大，这种影响在地壳具有普遍的重要意义，它可使裂隙闭合、夹层压紧、孔隙压密、密度增大，改变岩体的力学结构和力学性质。岩体从地表向深部随围压的增大，由碎块体向连续体转化；由低均匀度向高均匀度转化；由高各向异性程度向低各向异性程度转化；由低模量和低强度向高模量和高强度转化，变形模量可上升达岩块的30%，波速也随之增大；由低塑性状态向高塑性状态转化；由脆性向柔性转化；由纵向张裂、劈裂、崩裂、散裂向共轭剪破裂转化；由高渗透率向低渗透率转化，使得地壳岩体的储油深度有一定的下限，深于这个限度则不再储存油气；模量和强度因浸水而降低的作用逐渐减小，并趋近浸水对岩块降强的影响值。因为一般情况下，岩体模量和强度受浸水影响而下降的幅度大于岩块。这使得水对断层活动的引发作用，随深度增大而减弱，并有一个影响的深度下限，深于这个限度水不再影响断层活动。

（8）岩体的构造变形和断裂是长期受载形成的，时间是这个过程的重要影响因素。这是地壳岩体力学性质的重要特点，变形遵从蠕变规律，断裂依循长期强度，过程中附有大量应力松弛和应变后效。

（9）岩体力学参量，因地而异，有地区性；因时而异，每次测量都不一样；因条件而异，随物理化学条件而变。使用时必须就地测量，以现场实测数据为依据，进行定量分析，并把结果的应用范围限定在实测区域内和与测量相同的条件下而不能任意外延。由于岩体是孔隙体，有孔隙压力，变形应力须取用有效应力。孔隙压力随裂隙密度和开度增加及液体阻力减小而增大，且因地而异，这使得有效应力也有地区性特点。

（10）不连续性是岩体最重要的性质，在此基础上建立的岩体力学是非连续体力学。其中处理非连续性的途径有二：一是使用岩块力学参量，而把其间的非连续性放在数学计算中解决，建立新的非连续体力学方程，此时应力已不处处是坐标的连续函数，其微分方程也不处处成立；二是把非连续性转入岩体力学性质中去，使用此种岩体力学参量，而仍运用连续体力学方程来计算，办法是：①突出岩体力学性质的方向性，把裂隙对应力向的影响转到碎块体的各向异性系数中去；②考虑块体的移动和转动及局部自由边界；③考虑结构面传力的条件、机制、程度和耗能，突出与应力同方向的纵向应变，此时横向裂隙将被压闭；④使用统计近似的区域岩体力学参量。

五、岩体变形机制

岩体是由结构体和结构面构成的。因之，岩体受载的变形和破裂表现为结构体和结构面的变形和破裂，并为其总和。这是岩体变形机制与岩块变形机制的根本区别。

结构面常是岩体中的低强度面，故其在岩体变形和破裂中的作用至关重要。结构面变形，有法向变形和切向变形两种形式。

岩体结构面法向变形：此时岩体的形变为结构体形变和结构面形变之和。低载荷下，结构体应变与结构面应变同等重要，有时以结构面应变为主；高载荷下，结构面应变趋于稳定，结构体应变继续增加，常变为以结构体应变为主；最后岩体破裂，这是已破裂了的地质体的再破裂过程。岩体中，岩块变形模量与岩体变形模量之比，约为 $1.5 \sim 110$。这个比值，等于同向的岩体应变与岩块应变之比。它说明，岩体应变大于岩块应变，最大达百余倍。结构面应变常大于同厚度岩块应变，因而是低强度面，若二者连结得好则岩体强度高，若二者连结得差则岩体强度低。结构面的法向压缩变形，是由裂隙的压紧和闭合、填充物的压密和压缩形变构成的。

岩体结构面切向变形：若结构面为裂隙，剪应力增加到一定值，裂面便开始摩擦滑动。

由上可知，岩体的变形是由结构体变形和结构面变形合成的，结构面为裂隙时，其压缩变形为压紧和闭合，剪切变形为摩擦滑动。结构面为夹层，其压缩变形为填物压密和压缩形变，剪切变形为填物滚动、剪切及破裂。可见，岩体的力学参量，是其结构体和结构面的综合力学参量，只是在不同条件下它们各自所起的作用大小不同而已。

岩体中的构造应力在通过结构面处的传播机制有三种：①正压力传递——水平构造压应力可把铅直缝隙压密，铅直构造压应力可把水平缝隙压密，而传递应力；②错动摩擦传递；③剪切变形传递。应力在通过结构面的传播过程中，由于结构面的摩擦消耗、变形做功、缝隙压合而衰减，方向稳定性较差。裂面摩擦力较大和夹层抗剪应力较高而接近岩块时，则主应力方向通过结构面后改变较小；裂面接近自由表面时，则主应力方向在通过结构面处一律转向与裂面垂直。

第二节　岩体综合力学方程

本节所用岩体内的应力皆为残余和现今叠加应力，所用岩体各种力学参量皆为在叠加应力作用下的综合力学参量。

岩体力学基本方程，包括平衡方程、几何方程、连续方程、边界条件和物性方程五种。前四种方程对各向异性和各向同性岩体都适用，只有物性方程不同。

一、岩体力学物性方程

1. 弹性方程

1）正交异性岩体弹性方程

岩体内一平面上各点法向弹性性质均匀分布时，此平面为弹性法向同性面。其法向为岩体的弹性主轴或弹性主方向。三个弹性法向同性面正交的岩体，为正交异性体。其交线为三正交的弹性主轴，取为 x、y、z，弹性性能对称于主轴。弹性主轴方向弹性模量为 E_x、E_y、E_z；x 轴向拉伸 y 轴向收缩的泊松比为 ν_{xy}，y 轴向拉伸 x 轴向收缩的泊松比为 ν_{yx}，等；x 和 y、y 和 z、z 和 x 轴间夹角改变的剪切模量为 G_{xy}、G_{yz}、G_{zx}。则正交异性岩体弹性参量有 9 个，弹性方程为

$$\left.\begin{aligned}
e_x &= \frac{1}{E_x}\sigma_x - \frac{\nu_{yx}}{E_y}\sigma_y - \frac{\nu_{zx}}{E_z}\sigma_z \\[4pt]
e_y &= -\frac{\nu_{xy}}{E_x}\sigma_x + \frac{1}{E_y}\sigma_y - \frac{\nu_{zy}}{E_z}\sigma_z \\[4pt]
e_z &= -\frac{\nu_{xz}}{E_x}\sigma_x - \frac{\nu_{yz}}{E_y}\sigma_y + \frac{1}{E_z}\sigma_z \\[4pt]
\gamma_{xy} &= \frac{1}{G_{xy}}\tau_{xy} \\[4pt]
\gamma_{yz} &= \frac{1}{G_{yz}}\tau_{yz} \\[4pt]
\gamma_{zx} &= \frac{1}{G_{zx}}\tau_{zx}
\end{aligned}\right\}
\tag{2.1}$$

2）轴面异性岩体弹性方程

弹性法向同性面（x，y）内各方向同性但与法向（z）不同性的岩体，为轴面异性体。其面内各方向和法向都是弹性主轴。弹性参量有 5 个，各向同性面内各方向弹性模量为 E，其法向弹性模量为 E_N。各向同性面内拉伸和收缩的泊松比为 ν，其法向拉伸而各向同性面内方向收缩的泊松比为 ν_N，各向同性面内拉伸其法向收缩的泊松比为 ν_n。各向同性面方向与其法向间夹角改变的剪切模量为 G_N。则轴面异性体弹性方程为

$$e_x = \frac{1}{E}(\sigma_x - \nu\sigma_y) - \frac{\nu_N}{E_N}\sigma_z$$

$$e_y = \frac{1}{E}(\sigma_y - \nu\sigma_x) - \frac{\nu_N}{E_N}\sigma_z$$

$$e_z = -\frac{\nu_n}{E}(\sigma_x + \sigma_y) + \frac{1}{E_N}\sigma_z \qquad (2.2)$$

$$\gamma_{xy} = \frac{1}{G}\tau_{xy}$$

$$\gamma_{yz} = \frac{1}{G_N}\tau_{yz}$$

$$\gamma_{zx} = \frac{1}{G_N}\tau_{zx}$$

式中，

$$G = \frac{E}{2(1+\nu)}$$

是各向同性面内各正交方向夹角改变的剪切模量。而

$$G_N = \frac{E_N}{2(1+\nu_N)}$$

3）各向同性岩体弹性方程

各方向都可以是弹性主轴的岩体，为各向同性体。弹性参量有 2 个。至于选什么方向做弹性主轴，只取决于应力分布。

用应力表示应变的各向同性体弹性方程为

$$e_x = \frac{1}{E}[\sigma_x - \nu(\sigma_y + \sigma_z)]$$

$$e_y = \frac{1}{E}[\sigma_y - \nu(\sigma_z + \sigma_x)]$$

$$e_z = \frac{1}{E}[\sigma_z - \nu(\sigma_x + \sigma_y)] \qquad (2.3)$$

$$\gamma_{xy} = \frac{1}{G}\tau_{xy}$$

$$\gamma_{yz} = \frac{1}{G}\tau_{yz}$$

$$\gamma_{zx} = \frac{1}{G}\tau_{zx}$$

用应变表示应力的各向同性体弹性方程为

$$
\left.\begin{array}{l}
\sigma_x = \lambda e + 2Ge_x \\
\sigma_y = \lambda e + 2Ge_y \\
\sigma_z = \lambda e + 2Ge_z \\
\tau_{xy} = G\gamma_{xy} \\
\tau_{yz} = G\gamma_{yz} \\
\tau_{zx} = G\gamma_{zx}
\end{array}\right\}
$$
(2.4)

将前面三方程相加，可导出

$$
(\sigma_x + \sigma_y + \sigma_z) = \frac{E}{1 - 2\nu}(e_x + e_y + e_z)
$$

此为岩体体变物性方程，可表示为

$$
\sigma = ke
$$
(2.5)

式中，

$$
k = \frac{E}{3(1 - 2\nu)}
$$

式（2.5）为弹性体变定律，表示：
（1）各向同性弹性岩体中应力主轴与应变主轴重合；
（2）平均应力与体积应变成正比；
（3）体积弹性模量 k 为体变模量。
方程组（2.3）或（2.4）中后面三方程，为弹性形变定律。表示：
（1）各向同性弹性体中应力主轴与应变主轴重合；
（2）剪应力与剪应变成正比；
（3）剪切弹性模量 G 为形变模量。
各向同性弹性状态的特点是变换坐标轴时，弹性方程（2.3）、（2.4）的形式不变，弹性参量 E、ν 值不变，应变能密度的表示形式也不变。
各向异性弹性状态在变换坐标轴时，弹性参量则改变，应变能密度表示形式也不变。

2. 弹塑性方程
取用上述弹性方程组，只是把岩体弹性状态的弹性参量——弹性模量 E、G、K 和泊松比 ν，替换为岩体弹塑性状态的弹塑性参量——变形模量 E'、G'、K'和泊松比 ν'，则这些方程组便适用于岩体弹塑性状态和弹塑性增量状态。

3. 塑性方程

由弹塑性方程中式（2.4）和式（2.5），可求得应力偏量 $[\delta]$ 和应变偏量 $[\rho]$ 的关系

$$[\delta] = 2G'[\rho] \qquad (2.6)$$

其分量式，为

$$\left.\begin{aligned}
\sigma_x - \sigma &= 2G'(e_x - e) \\
\sigma_y - \sigma &= 2G'(e_y - e) \\
\sigma_z - \sigma &= 2G'(e_z - e) \\
\tau_{xy} &= 2G'\frac{\gamma_{xy}}{2} \\
\tau_{yz} &= 2G'\frac{\gamma_{yz}}{2} \\
\tau_{zx} &= 2G'\frac{\gamma_{zx}}{2}
\end{aligned}\right\} \qquad (2.7)$$

若取应力主轴为坐标轴，则分量式为

$$\left.\begin{aligned}
\sigma_1 - \sigma &= 2G'(e_1 - e) \\
\sigma_2 - \sigma &= 2G'(e_2 - e) \\
\sigma_3 - \sigma &= 2G'(e_3 - e)
\end{aligned}\right\} \qquad (2.8)$$

岩体塑性状态的变形模量

$$E' = \frac{\sigma_i}{e_i} \qquad (i = 1,2,3)$$

也可用应力强度 σ_s 和应变强度 e_s 表示

$$E' = \frac{\sigma_s}{e_s} \qquad (2.9)$$

此时，

$$G' = \frac{E'}{2(1 + \nu')}$$

纯塑性状态，$\nu' = 0.5$，故

$$G' = \frac{E'}{3}$$

代回式（2.9），得

$$G' = \frac{\sigma_s}{3e_s}$$

此式说明，岩体应力强度与应变强度有确定关系，这是岩体的塑化条件。式（2.6）表明，岩体中应力偏量与应变偏量共轴且几何分布相似。其具体意义为：

（1）应力主轴与应变主轴重合。

（2）应力偏量分量与应变偏量分量有线性关系。

（3）应力偏量表示岩体中一点变形的应力状态，应变偏量表示岩体中一点变形的应变状态，因而这两个偏量的关系即表示岩体构造运动中构造应力和构造应变的关系，二者的分布有几何相似性。亦即一个分布呈山字形，另一个也呈山字形；一个分布呈 S 形，另一个也呈 S 形。

4. 蠕变方程

前述的弹性、弹塑性和塑性状态的方程是建立在岩体瞬时—短时时间段内完成的实验结果的基础上的，因之只适用于岩体瞬时—短时时间段内完成的载荷状态，即时间因素影响不大的状态；这个状态的实验时间段一般约为瞬时至几十分钟。如果岩体荷载变形的时间超过这个时间，则应选用蠕变方程来表述。蠕变形变是由各瞬间应变积累而得的，反映受载过程的历史。

岩体受载后，各点经过同样一段时间到某时刻，各点的应力与应变之间有近线性关系。因而在应力场的研究中，此种近线性蠕变方程只适用于岩体受载后到某同一时刻空间各点应力大小的比较，但不适用于一点应力大小随时间的变化。在某时刻的瞬时，应力增量与应变增量曲面的几何形状相似且重轴。因而，可简化用蠕变模量替换变形模量而取用塑性方程组，来近似计算某同一时刻空间各点应力大小的比较。

二、岩体物性方程选用

1. 据岩体力学性质状态选用物性方程

岩体物性方程可适用于弹性、弹塑性和塑性状态。因之，选用物性方程主要根据岩体所处的力学性质状态，即确定应变中弹性部分和塑性部分的比例，以及应变与应力是否有函数关系。实验证明（参见岩体力学性质影响因素），岩体力学性质取决于本身结构、物化环境和受力情况。按其形变曲线，可分为五个阶段：

1）压密阶段

Ⅱ型岩体之所以出现此阶段的原因是由于有大量裂隙和孔隙，因而在裂隙压紧和孔隙压密的过程中必然要有较大的塑性应变发生，而使得形变曲线向上呈现凹形。因之，在此阶段

内卸载可得恢复的弹性应变和不恢复的塑性应变，两类应变的比例常是以后者为主。这是岩体处于低载荷下出现的弹塑性阶段。由于压密，故此阶段形变曲线的斜率随载荷增加而增大。由于塑性应变不可忽视，故取用变形模量，并相应选用弹塑性方程。因为变形模量在此阶段是变量，故宜选用增量物性方程。

2）线性阶段

此阶段形变曲线斜率平稳，对 I 型岩体常为弹性阶段。但由于纯弹性只有瞬时加载才能出现，而加载总要经过一定时间，又由于岩体有裂隙、孔隙和高塑性造岩矿物，因而特别是 II 型岩体在此阶段常具有一定塑性应变，使得形变曲线的线性段也不一定就是纯弹性的。这可从在线性段卸载至零载荷时的弹、塑性应变之比来确定。若弹性应变远大于塑性应变，忽略此塑性应变不恢复性的影响后所得结果能满足使用的误差要求，则可做弹性状态处理。可见，岩体的弹性阶段不是以比例极限来划定，而是由此阶段卸载后的剩余弹、塑性应变比例来确定。由于卸载曲线给出的应变减量是弹性的，因之卸载曲线下的面积是弹性恢复能量。用卸载应力与卸载应变减量可求得岩体的弹性模量。因之，可把岩体视做弹性状态而须选用弹性方程的情况有三种：

（1）在比例极限内的加载过程中，弹性应变为主而塑性应变不可恢复性的影响可忽略不计。

（2）工作状态的形变曲线处于卸载段，使用中只须取其卸载的弹性应力-应变关系情况。

（3）加卸载循环中，由于卸载过程有弹性应力-应变关系，故只要把加载过程做弹性处理后的精确度能满足使用误差要求即可。

3）塑化阶段

这是载荷超过比例极限逐渐进入塑性状态的阶段，形变曲线的斜率逐渐减小，弹性应变基本稳定，其增量逐渐减小，而塑性应变则不断增大，因而使塑性应变与弹性应变的比值不断增加。这是个岩体随载荷的增加塑性不断增强的过程。岩体进入塑化阶段，除载荷增大超过比例极限外，温度和围压升高以及液体浸入，对此都有促进作用。此阶段的塑性形变是不可忽视的，故形变曲线的斜率取为变形模量，选用弹塑性物性方程。当塑性应变增大到显著超过弹性应变时，则用塑性方程。

4）溃耗阶段

此阶段发生在载荷超过岩体极限强度之后，岩体在已有裂隙和夹层基础上继续破裂，不论应变是随稳定破裂不断增大还是随失稳破裂在减小，应变能都随破裂的发展在耗散，使岩体继续裂解。这个过程是不可逆的，伴随的岩体变形主要是塑性的。此状态的变形模量随能量的耗散状况可正可负。能量充足可继续做功使破裂发展下去则为正，能量不足需补获才能使破裂发展下去则为负。这表现在弹塑性变形模量的正、负符号上，物性方程用塑性的。

5）维系阶段

岩体再破裂和破裂继续发展经过能量进一步耗损后，都需再做能量补给才能使破裂发展下去，故耗散状况的能量都是负的，使变形模量为负值。这是进一步的不可逆过程，直到岩体的能量只剩下残余强度为止。物性方程继续选用塑性的。

岩体处在时间因素对变形影响十分显著的蠕变状态，则必须选用蠕变方程。

2. 据岩体受载时间长短选用物性方程

1）短时受载方程

（1）弹性方程。

适用于岩体弹性应变为主塑性应变的不恢复性影响可忽略不计的线性阶段；卸载过程中只取弹性应力—应变关系状况；弹性应变为主塑性应变的不恢复性可忽略不计的加卸载循环过程。取用弹性参量。

（2）弹塑性方程。

适用于岩体塑性应变不可忽略的线性阶段；加载时塑性应变较大的加卸载循环过程。取用变形参量。

（3）塑性方程。

适用于塑化阶段中塑性应变显著大于弹性应变的阶段；岩体处于极限强度后的各个阶段。取用相应阶段的变形参量。

2）长期受载方程

适用于岩体蠕变加载和卸载过程。岩体长期卸载时，应力减量为 $-\Delta\sigma_i$，应力松弛为 $-\Delta\sigma'_i$；蠕变塑性应变增量为 $-\Delta e_t$，弹性应变减量为 $-\Delta e_e$。若 $|\Delta e_t| > |\Delta e_e|$，则卸载蠕变模量 $E'_t = -(\Delta\sigma_i + \Delta\sigma'_i)/(\Delta e_t - \Delta e_e) =$ 负值；若 $|\Delta e_t| < |\Delta e_e|$，则 $E'_t = -(\Delta\sigma_i + \Delta\sigma'_i)/(\Delta e_t - \Delta e_e) =$ 正值。此时取用蠕变参量。

岩体从无载荷状态开始受载，这种情况多是发生在实验过程和岩石加工过程以及工程结构开始运行时。而在地壳天然条件下，则是从成岩时起岩体就已处在构造应力场的载荷作用下，一直蠕变至今，并多是处在蠕变第二阶段。因为蠕变第一阶段的时间很短，早已过去，而一旦进入到蠕变第三阶段便很快开始变形失稳，预示将要有事件发生，如山崩、滑坡、断裂、地震、塌陷等。因而，处在地壳构造应力场中的岩体，都是处于变载过程。人类工程、天然风化、水库蓄水、冰川消融、断裂活动和构造变形以及力源的改变，都可改变应力场而造成变载荷。变载时间的长短，表现为滑坡体滑动前、工程事故发生前、矿区塌陷前、地震发生前等应力幅度发生异常变化的时段。

上述岩体的受载时间，在地壳条件下是指变载时间，其属短时还是长期的划分，视岩体在考虑的使用变载荷下的应变量级与使用的精度要求而定。一般岩石力学实验中，短时受载的时间多在 0.5 至几分钟或达几十分钟，超过几十分钟的受载过程多归之为蠕变实验。具体的时间划分界限，须视实际岩性和使用要求而定，以保证所建立的物性方程在理论上可靠并能维护计算结果的严格性为准。

三、物性方程应变确定

1. 据应变成因确定构造应变

岩体的形变，可以是构造应力作用引起的短时构造应变或长期受载形成的蠕变构造应变，也可以是由于温度改变引起的无约束胀缩应变或液体进出造成的无约束胀缩应变，等等。因而使得岩体的形变成为多因素的复杂函数。其中的非构造应变与应力无关。环境因素的作用，只有当岩体受载时有边界约束的情况下才可使其影响岩体力学性质并把其作用转到岩体力学参量中来，而成为改变这些力学参量的自变量。只有此时，这些环境因素的影响才有构造意义。此时其影响已包括在岩体力学参量中。

2. 据应变性质选择计算方法

岩体内一点的应变状态，表示为坐标轴向微段的单位伸缩 e_x、e_y、e_z 和平行坐标轴向微段的夹角变化 γ_{xy}、γ_{yz}、γ_{zx} 6 个应变分量。这些应变分量，与点的位移在坐标轴向的分量 u、v、w 有关系

$$e_x = \sqrt{1 + 2\frac{\partial u}{\partial x} + \left(\frac{\partial u}{\partial x}\right)^2 + \left(\frac{\partial v}{\partial x}\right)^2 + \left(\frac{\partial w}{\partial x}\right)^2} - 1$$

$$e_y = \sqrt{1 + 2\frac{\partial v}{\partial y} + \left(\frac{\partial u}{\partial y}\right)^2 + \left(\frac{\partial v}{\partial y}\right)^2 + \left(\frac{\partial w}{\partial y}\right)^2} - 1$$

$$e_z = \sqrt{1 + 2\frac{\partial w}{\partial z} + \left(\frac{\partial u}{\partial z}\right)^2 + \left(\frac{\partial v}{\partial z}\right)^2 + \left(\frac{\partial w}{\partial z}\right)^2} - 1$$

$$\sin\gamma_{xy} = \frac{\frac{\partial v}{\partial x} + \frac{\partial u}{\partial y} + \frac{\partial u}{\partial x}\frac{\partial u}{\partial y} + \frac{\partial v}{\partial x}\frac{\partial v}{\partial y} + \frac{\partial w}{\partial x}\frac{\partial w}{\partial y}}{(e_x + 1)(e_y + 1)}$$

$$\sin\gamma_{yz} = \frac{\frac{\partial w}{\partial y} + \frac{\partial v}{\partial z} + \frac{\partial u}{\partial y}\frac{\partial u}{\partial z} + \frac{\partial v}{\partial y}\frac{\partial v}{\partial z} + \frac{\partial w}{\partial y}\frac{\partial w}{\partial z}}{(e_y + 1)(e_z + 1)}$$

$$\sin\gamma_{zx} = \frac{\frac{\partial u}{\partial z} + \frac{\partial w}{\partial x} + \frac{\partial u}{\partial z}\frac{\partial u}{\partial x} + \frac{\partial v}{\partial z}\frac{\partial v}{\partial x} + \frac{\partial w}{\partial z}\frac{\partial w}{\partial x}}{(e_z + 1)(e_x + 1)}$$

在小应变时，略去平方和乘积项，得小应变表示式

$$e_x = \frac{\partial u}{\partial x}$$

$$e_y = \frac{\partial v}{\partial y}$$

$$e_z = \frac{\partial w}{\partial z}$$

$$\gamma_{xy} = \gamma_{yx} = \frac{\partial u}{\partial y} + \frac{\partial v}{\partial x}$$

$$\gamma_{yz} = \gamma_{zy} = \frac{\partial u}{\partial z} + \frac{\partial w}{\partial y}$$

$$\gamma_{zx} = \gamma_{xz} = \frac{\partial w}{\partial x} + \frac{\partial u}{\partial z}$$

此方程组，适用于各向异性和各向同性的连续岩体。

岩体在以弹性应变为主的状态，由于弹性应变较小，宜选用小应变理论；在塑性应变不可忽略的弹塑性状态，由于塑性应变较大，宜选用大应变理论。小应变理论，适于选用工程应变

$$e_i = \frac{\iota - \iota_0}{\iota_0}$$

大应变理论，适于选用瞬时应变

$$\varepsilon_i = \int_{\iota_0}^{\iota} \frac{d\iota}{\iota} = \ln(1 + e_i)$$

在小应变时，$\varepsilon_i \doteq e_i$；随应变的增大，二者的差别也越加增大。

岩体在大应变的塑化状态和蠕变状态，可选用剪切变形模量 $G' = \sigma_s/3e_s$，来联系应力偏量和应变偏量。由于塑化阶段和蠕变阶段的应力-应变常成曲线关系，故计算中每次划取的变载增量要足够小，以保证计算的精确度。

第三节　岩体中应力场分析

一、分析方法

岩体应力场分析方法：计算法，如解析法、差分法、有限元法；实验法，如光弹实验、模拟实验、电比拟实验。

1. 计算方法

（1）在地块过界加力或位移，在体内给定体积力，使体内各点产生作为坐标单值连续函数的应力。外力，作用于地块边界面的为面积力 F_x、F_y、F_z，作用于岩体内的为体积力 f_x、f_y、f_z。在边界面，体内应力与外力平衡。应力边界条件可由岩体应力测量提供。位移边界条件可由大地测量提供。因为地块中各处岩体力学性质分布不均匀，一个地层的同一层位和同一火成岩体各处的力学性质也不相同，使得各地块之间相互作用的边界可受外力作用也可给定位移而成为混合边界条件。

（2）求解应力用应力函数，或用位移函数再由位移求应力。各向同性岩体应变与应力主轴重合，应变与应力量值用物性方程来联系。

①单向应力状态：$\sigma_y = \sigma_z = 0$

$$\sigma_x = E'e_x = -\frac{E'}{\nu'}e_y = -\frac{E'}{\nu'}e_z$$

$$\tau_{xy} = G'\gamma_{xy}$$

$$\tau_{xz} = G'\gamma_{xz}$$

②静水应力状态：$\sigma_x = \sigma_y = \sigma_z$，$\tau_{xy} = \tau_{yz} = \tau_{zx} = 0$，平均应变 $e = \frac{1}{3}\vartheta$

$$\sigma = 2K'e$$

③平面应力状态：$\sigma_z = 0$，$\tau_{yz} = \tau_{zx} = 0$

$$\sigma_x = \frac{E'}{1 - \nu'^2}(e_x + \nu'e_y)$$

$$\sigma_y = \frac{E'}{1 - \nu'^2}(e_y + \nu'e_x)$$

$$\sigma_x + \sigma_y = -\frac{E'}{\nu'}e_z \neq 0$$

$$\tau_{xy} = G'\gamma_{xy}$$

④平面应变状态：$e_z = 0$，$\gamma_{yz} = \gamma_{zx} = 0$

$$\sigma_x = (\lambda' + 2G')e_x + \lambda'e_y$$
$$\sigma_y = (\lambda' + 2G')e_y + \lambda'e_x$$
$$\sigma_z = \nu'(\sigma_x + \sigma_y) \neq 0$$
$$\tau_{xy} = G'\gamma_{xy}$$

⑤三维应力状态：

$$\sigma_x = \lambda'\vartheta + 2G'e_x$$
$$\sigma_y = \lambda'\vartheta + 2G'e_y$$
$$\sigma_z = \lambda'\vartheta + 2G'e_z$$
$$\tau_{xy} = G'\gamma_{xy}$$
$$\tau_{yz} = G'\gamma_{yz}$$
$$\tau_{zx} = G'\gamma_{zx}$$

或用主分量表示为

$$\sigma_1 = \lambda'\vartheta + 2G'e_1$$
$$\sigma_2 = \lambda'\vartheta + 2G'e_2$$
$$\sigma_3 = \lambda'\vartheta + 2G'e_3$$

力学参量之间有关系：

张压变形模量　　$E' = 2(1 + \nu')$　　$G' = \frac{3\lambda' + 2G'}{\lambda' + G'}G'$

剪切变形模量　$G' = \frac{E'}{2(1 + \nu')}$

体积变形模量　$K' = \frac{E'}{3(1 - 2\nu')} = \frac{G'E'}{3(3G' - E')} = \frac{2(1 + \nu')G'}{3(1 - 2\nu')} = \lambda' + \frac{2}{3}G'$

变形泊松比　　$\nu' = \dfrac{E'}{2G'} - 1 = \dfrac{\lambda'}{2(\lambda' + G')}$

变形拉梅系数　　$\lambda' = \dfrac{\nu' E'}{(1 + \nu')(1 - 2\nu')} = \dfrac{G'(E' - 2G')}{2G' - E'} = \dfrac{2\nu' G'}{1 - 2\nu'}$

（3）连续岩体内小单元体的方程都是微分形式的，各函数都满足这些方程，在边界满足边界条件。

（4）岩体力学参量若与点的坐标无关，对固定坐标系是常量，则为均质体。力学参量是坐标的连续可微函数，则为连续体。力学参量在各方向相同，则为各向同性体。实际地壳浅层含裂隙夹层岩体的力学参量是坐标的函数，但非坐标的连续可微函数，在各方向不同，是非均质、不连续、各向异性体。应变与应力主轴不重合，除应变外还有岩块的移动和转动，应力长期升降多变，使得应变与应力关系复杂而常失去单值关系。因而岩体的均质、连续、各向同性的假定给计算结果带来了不可忽视的误差，必须把它减小至与主要力学量相比为应用所允许的程度。

（5）岩体的主要应力、应变发生在平面内，边界外力或位移沿厚度均匀分布，与横向坐标无关，为平面问题。这是地壳构造应力场的主要分布状态。应力分布在平面方向，平面法向无正应力和剪应力，但可有应变，为平面应力状态。应力分布在平面方向，平面法向无正应变和剪应变，但可有应力，为平面应变状态。

2. 解析方法

岩体力学基本方程中，共有 18 个独立方程。未知量中，有 6 个应力分量、6 个应变分量、3 个位移分量、加 σ_s、e_s、G'，共 18 个。故，问题可解。

（1）正解法。

按地块边界条件，积分方程，求解。此为正序解法。

①静力边界条件。

给定地块边界 3 个静力分量和 3 个体力分量，或体内各点的 6 个坐标函数 σ_x、σ_y、σ_z、τ_{xy}、τ_{yz}、τ_{zx}，用 3 个应力平衡方程和 3 个应力连续方程，解得应力。

②位移边界条件。

给定地块边界位移和体力或体内各点的坐标函数 u、v、w，由几何方程求出应变，再由物性方程求得应力。

③混合边界条件。

部分边界给定静力分量和体力，部分边界给定位移分量和体力，分别求应力。

（2）逆解法。

试取一组解，检验其是否满足基本方程。若不满足再修正，满足了再求其边界条件，与实际边界条件比较，须一致或相近。求应力，先试设一组应力，检验其在体内是否成立，须同时满足应力平衡方程、连续方程和边界条件。若不满足再修正，直到满足为止。求位移，先试设一组位移，检验其在体内是否成立，须同时满足位移平衡方程和边界条件。若不满足再修正，一直修正到满足为止。

（3）半逆法。

先试取一部分解，再用基本方程和边界条件，求另一部分解。

（4）近似法。

先简单求得近似解，代入基本方程组检验是否满足。若不满足，修正一下再代入方程组检验，直到符合误差要求为止。

（5）分析法。

①分段解。

按加载、卸载历史路径，分段求出各段应力积分，再一段段连接起来得最终应力。第一段用各方程组求得本段积分解，将其作为第二段初始值再求第二段积分解。如此连续进行，第末段积分解为所求应力全量解。

②瞬态解。

把物性方程和几何方程换成瞬态导数形式，据瞬态边界条件解得各瞬态应力增量，再把各瞬态增量积累叠加得应力全量。此法适用于小应变理论和曲线形变阶段。

③渐近解。

在岩体的应力－应变曲线中，把一点的 σ_i 用二应力差表示：一是弹性变形应力 Ee_e，一是塑性变形折减应力 $Ee_i \cdot r$。r 为折减系数，表示塑性变形程度，其值在 $0 \sim 1$ 之间。$r = 0$，相当于理想弹性变形；$r = 1$，相当于理想塑性变形。于是，应力

$$\sigma_i = Ee_i - Ee_i r = Ee_i(1 - r)$$

则得

$$E' = \frac{\sigma'}{e_i} = E(1 - r)$$

同理，得

$$G' = G(1 - r)$$

解题时，用位移平衡方程，但等号右边不是零，而是 r 的函数 $\varphi(r)$：

$$(\lambda' + G') \frac{\partial e}{\partial x} + G' \ \nabla^2 u + f_x = \varphi(r)$$

$$(\lambda' + G') \frac{\partial e}{\partial y} + G' \ \nabla^2 v + f_y = \varphi(r)$$

$$(\lambda' + G') \frac{\partial e}{\partial z} + G' \ \nabla^2 w + f_z = \varphi(r)$$

先取方程组右边为零，得一组初级近似的位移、应变和应力解；由应力应变求得近似值 r_1，代入方程组右边，解得另一组位移、应变和应力值；再由应力应变求得更接近实际的 r_2 值，代入方程组右边，解得第三组位移、应变和应力解；反复进行，收敛很快，直到取得符合精

度要求的解为止。

二、分析现状

当代岩体应力分析的现状和须继续解决的问题如下：

（1）对固定坐标系，岩体中各点的力学参量为同一值的是均质体，为不同值的是非均质体。对一定岩体，其力学参量是环境因素、受载状态和时间的函数，故瞬时参量只用于瞬时受载状态，长期参量用于长期受载状态；岩体连续是微分运算的基础，各微分方程只适用于连续岩体，裂隙岩体不满足微分方程特别是连续方程，因之只有当连续性分析的量相当于垮过断面的尺寸时，才只能近似有效；应力主轴与应变主轴重合，且应力与应变分布曲面成几何相似，只适用于各向同性体，各向异性体二主轴不重合，须分别确定应力主方向和应变主方向，且应力分布曲面与应变分布曲面的几何形状也不相似。

（2）岩体在一定的结构形式、受力方式和物化环境下，应力分布是坐标和时间的函数。根据力学现象发生的时间，来选用分析所用的弹性、弹塑性、塑性和蠕变理论。这无论对长期或短时的现象，都只适用于单一的加载过程或卸载过程，而对多次加卸载循环过程必须考虑时间的影响。对短时的循环过程，当误差允许时，这些理论是适用的。但时间长了，多次加卸载循环过程则没有统一的力学参量，而且泊松比 ν 进入大应变状态变化较大而成为变量。这些因素，使得应力与应变在长时间加卸载循环过程中失去了单值关系。这说明，岩体中的应力和应变作为独立变量，其间的函数关系的可逆性并不处处成立，而只适用于瞬时或短时的载荷状态，在短时间内这种关系已成为近似性的，时间延长由于作为环境、受载、结构和时间函数的塑性形变变大，使得应力与应变在多次正逆过程中所生的多解性会把计算结果的差异渐渐变大，可达到使用中不能允许的程度。

（3）为使用方便，一般多选用略去应变高次项的小应变理论，并忽略体积压缩性，假定有限个小量之和仍为小量，小到与 1 相比可以略去不计。这无疑已引入了理论误差。

（4）质量守恒、能量守恒、动量守恒、动量矩守恒的积分形式对地块整体都有效，认为它们对地块中微体的微分形式也成立。这是从整体到局部的微化假设，其正确性在力学上尚未得到证实。

（5）岩体受力后，不只发生变形，还有岩块的移动和转动，变形也是碎块体堆积变形，这些都是消耗能量的过程。因而用单纯的应力与应变关系来处理这种整体力学问题，对结构复杂的岩体变形过程来说只是一种纯理想化的假设，在理论上还没有研究清楚。这个问题，须要放到非连续体岩体力学中去解决。现代借用的连续体力学理论，也不是由基本粒子理论导出的，而是根据宏观实验归纳出的可无限分割的连续体宏观理论，再用于宏观实际现象中去，最后用宏观世界来检验。这在自然科学上，是不充分的。在建立抽象理论过程中，只抓住了所重视的某些方面，再借助一些理想化假定来处理，因而在一定程度上是对自然界这些所重视方面的近似，使用起来自然有它一定的有效范围，而不可能处处适用，更不是高精确度的理论。因为这种理论与地壳地块的实际，存在较大的差异。这种理论基础中的根本性问题，只好留待下一个历史阶段来解决了。现阶段问题的严重性，是不能只知道到处去使用它，而不管其中存在什么问题和对使用结果的影响到什么程度。

（6）岩体力学参量及其实测过程，国内外有多种取法，各不相同，无统一规定，使得测量结果的差异常超出使用误差的限制。

第三章　岩体的区域构造运动

工区岩体是其所在区域岩体中的一部分，随区域岩体的构造运动而变动。这种运动由块体的变形、移动、转动和结构的改变来实现。本章，重点论述岩体运动方式变化的原因和阶段、岩体最易活动的高应力、低强度和低稳定状态以及围岩作用于岩体的途径。这些都要求对处在不稳定应力场中的岩体工程，也须随之做相应的动态设计，这是本书的第三个特点。

第一节　岩体运动方式的变化

一个陆块、一个地区的岩体都参与地壳构造运动，其运动方式也随地壳运动一起随时间而改变。

一、岩体运动方式变化阶段

1. 地质时代变化

地壳中有东西向压性构造带；南北向压、张性构造带；北东向、北西向和局部压扭性构造带遍布全球，互相穿插。如，阴山东西构造带，从古生代以来经过了反复多次强烈构造运动。在它们互相穿插的部位，便多次改变运动方式，强烈复合。

东亚大陆左旋形成的华夏系和新华夏系构造，与中国西部右旋形成的西域系、河西系和青藏反 S 形，成东西对称共轭分布，但在现代构造运动中，东部的却发生了右旋，西部的则发生了左旋。它们形成时，为陆块南北向压缩，现代却发生了东西向压缩。这说明，东亚大陆运动方式是南北向和东西向压缩交替变更，运动强度、方向和性质在随时间不断转变。

贝加尔裂谷带出现了高水平压应力，应力由张性变成了压性的。

岩石在高温高围压力单向压缩后，其中的石英（100）晶面系、黑云母（001）晶面系、方解石（004）晶面系的法线方向都转向平行压缩方向成优势分布。垂直岩石中已有的此种压缩组构方向再次单轴压缩，此三种晶面系法线方向又转向平行最后这次压缩方向。说明，岩石中此三种压缩组构方向，显示了最后一次压缩方向。若构造带中岩石此种压缩组构方向被切穿它的另一构造带中的此种组构所改造而成为此另一构造带的压缩组构，则切截前者的后一构造带必形成在被它切穿的前一构造带之后。利用此种切截关系，可鉴定两构造带形成的先后序次。利用此种方法。对迁西地区 7 种走向构造带的形成次序进行了 X 射线组构鉴定，结果示于图 3.1 中。

迁西地区在东西约 30km，南北约 20km 内，由岩体褶皱、断裂、片理显示有 6 种走向条形构造带 SN、EW、NE、NNE、NW、NNW 向和一个山字形构造，共 29 条。用 X 射线法测定的岩石后生组构，鉴定得它们的形成次序是 SN→山字形→EW→NE→NNE→SN→NNW 向构造（图 3.1）。这便是本区各种性质构造运动的交替次序。

由于各不同系统的构造带互相穿插、切截，因而上述结果说明：同一地区可有不同时期形成的性质相反或反向运动的构造形象并存；岩体中的同一部位可被不同受力方式的构造形

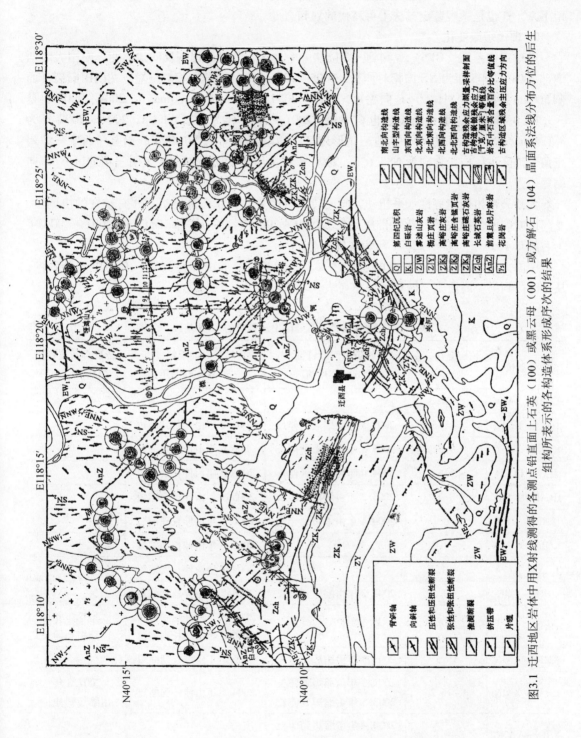

图3.1 迁西地区岩体中用X射线测得的各测点垂直铅面上石英（100）或黑云母（001）或方解石（104）晶面系法线分布方位的后生组构所表示的各构造体系形成序次成形的结果

象占据过；同一构造形象遗留至今可见的迹象，可是经过多次正、反向运动后相消的累积总结果，如一个断层的几次逆冲和正断后的综合剩余结果，但在微观岩石组构上会各有痕迹保留下来。这也是微观鉴定方法不可替代的独到之处。

2. 现代短期变化

全球定位系统（GPS）观测到一个陆块一个地区，随时间出现反向地形变。中国大陆西南部 2004~2005 年为 NE 向相对伸长，2005~2006 年转为 NE 向相对缩短。龙门山断裂带西侧 500km 跨度上的岩体为 SE 向缩短，1999~2004 年是 −4.0±1.0mm/a，2004~2007 年是 −3.1±0.7mm/a。垂直断裂带也在缩短，2001~2004 年为 −2.3mm/a，2004~2007 年为 −1.4mm/a。而沪州—拉萨—盐池三角形地区主压应变方向为 N63.6°E，蓟县—西宁—沪州三角形地区主压应变方向为 N88.6°E，2004 年后主压应变明显增大，表明三角地区 NEE 向缩短增强。

大断裂带出现趋势性水平扭动方向反转，呈趋势性张、压性转折，并有较好的协调性。龙门山断裂两侧地块平行断裂带扭动量，1999~2001 年为左旋 −1.1mm/a，2001~2004 年为右旋 0.4mm/a，2004~2007 年为右旋 1.6mm/a。

中国大陆 GPS 基线有普遍的趋势性张、压转折，有的由伸转到缩，有的由缩转到伸；从一时段到另一时段则又做相反伸缩（表 3.1）。

表 3.1　南北地震带及其邻区出现转折的 GPS 基线 *

基线名称	长期变化速率（mm/a）	转折时间及特征（2004 年以前）	转折时间及特征（2004~2007 年）	转折时间及特征（2007 年以后）
LHAS – YANC	−22.3		2004.5 年由伸长到缩短	
DXIN – HLAR	−1.6	2001.5 年由缩短到伸长	2005.8 年由伸长到缩短	
KMIN – YANC	9.7	2003.5 年由缩短到伸长	2006.0 年由伸长到缩短	
JIXN – LUZH	0.5	2004.0 年由缩短到伸长	2005.9 年由伸长到缩短	
HLAR – YANC	0.3	2003.2 年由缩短到伸长	2005.9 年由伸长到缩短	
XNIN – JIXN	−6.1	2000.4 年由缩短到伸长	2006.0 年由伸长到缩短	
KMIN – GUAN	−3.0		2005.5 年由伸长到缩短	
LHAS – XIAA	−21.1		2004.2 年由伸长到缩短	
SUIY – TAIN	−0.6	2002.2 年由缩短到伸长	2004.5 年由伸长到缩短	
QION – XIAA	4.7		2004.5 年由缩短到伸长 2006.0 年由伸长到缩短	2007.1 年由缩短到伸长
KMIN – XNIN	15.5	2003.5 年由缩短到伸长	2006.1 年由伸长到缩短	
LHAS – XNIN	−16.2	2001.3 年由缩短到伸长 2003.5 年由伸长到缩短	2004.5 年由伸长到缩短	2007.3 年由缩短到伸长
XNIN – YANC	−4.8	2000.4 年由缩短到伸长 2003.1 年由伸长到缩短		

* 中国地震局监测预报司，2009。

断裂带是地壳运动方式动态变化的强信息带。断层活动观测表明，中国大陆中部的鲜水河断裂中北段，长趋势左旋剪切，2001 年 11 月后转折，呈相反趋势活动。陕甘宁青地区 2002 ~ 2004 年断层活动出现趋势转折的场地较多，转为压性增强的有 18 个，转为张性增强的有 12 个（表 3.2）。武家河场地，1999 年后断层从原压性活动趋势转为张性，2003 年后又转折回到压性趋势。

表 3.2　陕甘宁青地区跨断层形变趋势转折*

序号	场地名	东经(°)	北纬(°)	转折时间(年)	变形性质	序号	场地名	东经(°)	北纬(°)	转折时间(年)	变形性质
1	小口子	105.93	38.60	2002	压	16	干盐池	105.30	36.65	2003	张
2	白石坑	105.87	39.00	1999	张	17	红岘子	105.32	36.65	2004	压
3	青铜峡	105.92	37.92	2002	压	18	乌鞘岭	102.87	37.20	2004	压
4	大黄沟	98.00	39.63	1999	张	19	海原	105.60	36.48	2004	压
5	嘉峪关	98.22	39.78	2002	张	20	安国镇	106.48	25.63	1999	张
6	大泉口	97.68	39.50	2000	张	21	冯家山	107.07	34.55	2003	压
7	托勒	98.67	38.80	1999	张	22	东风沟	104.95	33.08	2003	压
8	红柳峡	97.22	39.95	2002	张	23	飞龙峡	105.75	33.72	2003	张
9	西岔河	99.38	39.00	2002	压	24	柳家沟	105.42	34.63	2004	压
10	莺乐峡	100.18	38.80	2002	张	25	奈子沟	104.07	34.47	2002	压
11	石灰窑口	100.92	38.22	2002	张	26	盘古川	104.75	34.75	2002	压
12	河西堡	102.12	38.38	2004	压	27	武都东	104.97	33.35	2002	压
13	滑石口井	102.30	38.37	2004	压	28	武家河	105.20	34.68	1999	张
14	三塘	104.05	37.07	2002	压	29	南大同	107.88	34.32	2002	压
15	大营水	104.73	36.88	1999	张	30	康村	109.33	34.70	2004	压

*中国地震局监测预报司，2009。

华北地区断层活动观测表明，断层水平扭动方式所反映的地壳浅层运动方式在随时间而变。区内断层活动观测场地，分布在京津地区和山西浮山侯马地区。测线长几十米至百余米，跨断层，故测的主要是断层活动量。取变化年均值，得测区断层逐年张、压、扭受力方式转变情况，示于图 3.2。1967 ~ 1969 年为 NE 向压缩，1969 ~ 1970 年为近 SN 向压缩，1970 ~ 1972 年为 NE 向压缩，1972 ~ 1974 年为 NW 向压缩，1974 ~ 1975 年又转为近 SN 向压缩。

上述说明，一个陆块或地区的运动方式，即使在现代的短期内也可随时间而改变。

冰岛应力测量，第一次测得一组数据，用平均法求得了一个水平最大主应力方向；继续完成几次测量，每次都得到一个水平最大主应力方向，并可用最小二乘法求得了它们的一个优势分布方向；但经多次测量后发现，水平最大主应力是分布在 360° 方位范围内的许多方向，已不能再取优势分布方向了。说明冰岛的水平最大主应力方向在随时间转变。

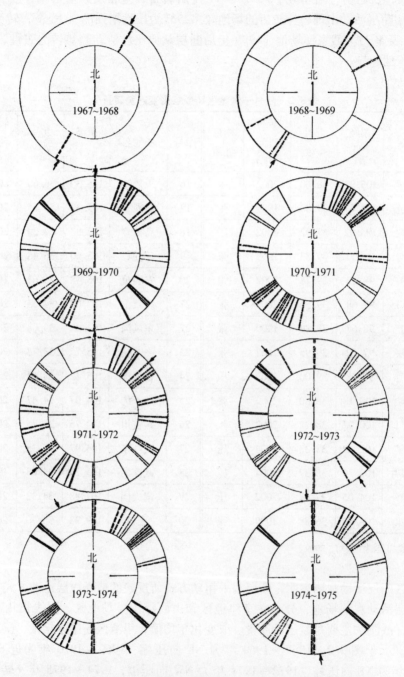

图 3.2　华北地区断层活动方式确定的地区逐年主压应力轴方向

粗实线为带张性顺时针水平错动断层走向；细实线为带压性顺时针水平错动断层走向；
粗虚线为带张性反时针水平错动断层走向；细虚线为带压性反时针水平错动断层走向；
粗间线为水平张伸断层走向；细间线为水平压缩断层走向；矢号为地区主压应力轴方向

3. 瞬态快速变化

地震时，地表出现裂缝和变形。2008年汶川8.0级地震，发震断裂走滑错距最大达4.9m，倾滑错距最大达5.4m，地面裂缝长超过250km，最宽200m。地面同震位移，铅直最大达9m，水平最大达4.7m。这也是地壳运动的变化，只是变动范围较小而已。

上述说明，地壳岩体运动的转变，在地质时代、现代短期和瞬态快速时段都有变化，表明地壳运动在长期大趋势内有短期的反向小波动。

探讨工区岩体运动的变化，需要具体到运动方向、力学性质、运动量级、运动速率以及运动形式是变形、位移、转动还是断层活动或碎块活动。

二、岩体运动方式变化原因

1. 岩体在不稳定应力场中

地球自转和公转状态都在不断变化着，它们是构造应力场的主要动力来源。而构造应力场的作用，是岩体运动的直接原因。因之岩体在不稳定应力场中的运动也将是多变的，随应力场的改变而变化。构造演化、海水进退、沉积分析、冰川分布、大地测量、震源机制，都说明地球自转从新第三纪以来在总的减速大趋势下不断出现较弱的短期反向加速波动式构造活动，从动力源上造成岩体运动方式的多变性。

2. 岩体不断运动消耗能量

岩块在岩体运动中不断变形、破碎、移动、转动和摩擦，造成岩体中机械能不均匀的大量消耗，改变应力场或能量场的分布，使得岩体运动方式随时间的延续不断改变。

岩体由应变 e_i 至 $e_i + \mathrm{d}e_i$ 的变形过程中，应力场做功 $\mathrm{d}A$。过程中，岩体变形能的改变 $\mathrm{d}W$ 与应变增量 $\mathrm{d}e_i$ 成正比，得

$$\mathrm{d}W = K \cdot \mathrm{d}e_i$$

K 是应力 σ_i 和变形模量 $E' = \mathrm{d}\sigma_i / \mathrm{d}e_i$ 的函数，则有

$$\mathrm{d}W = K(\sigma_i, E') \cdot \mathrm{d}e_i \tag{3.1}$$

由于 E' 甚小于弹性模量 E，可取模量比 $E'/E \leqslant 1$，则 K 可展成级数

$$K = K_0(\sigma_i) + \left(\frac{E'}{E}\right) K_1(\sigma_i) + \frac{1}{2!} \left(\frac{E'}{E}\right)^2 K_2(\sigma_i) + \cdots$$

$E' = 0$ 时，全部变形能都转变为热能，故 $K_0(\sigma_i) = 0$。再把应力-应变曲线改为无穷渐近折线，则有

$$\frac{1}{2!} \left(\frac{E'}{E}\right)^2 K_2 = \frac{1}{3!} \left(\frac{E'}{E}\right)^3 K_3 = \cdots = 0$$

得

$$K = \left(\frac{E'}{E}\right) K_1(\sigma_i) \tag{3.2}$$

此时 $K_1(\sigma_i)$ 对各种岩体都一样，与 E' 无关。

用式 (3.1)、式 (3.2) 及 $dA = \sigma_i de_i$，得

$$K_1(\sigma_i) = \frac{dW}{dA} \cdot \frac{E}{E'} \cdot \sigma_i$$

引入物理常数

$$\lambda = \frac{dW}{dA} \cdot \frac{E}{E'} \tag{3.3}$$

与式 (3.2) 一起代入式 (3.1)，得

$$dW = \frac{\lambda}{E} \sigma_i de_i$$

积分，得

$$W = \frac{\lambda}{2EE'} \Delta(\sigma_i^2) \tag{3.4}$$

若 E' 极近于 E，则 $dW/dA = 1$，由式 (3.3) 得 $\lambda \approx 1$，则式 (3.4) 变为变形能

$$W \approx \frac{1}{2EE'} \Delta(\sigma_i^2)$$

将此式代入

$$W = \frac{1}{2} C \cdot \Delta T$$

式中，C 为变形岩体热容量；ΔT 为变形前后岩体温度改变量；W 为单位质量岩体变形中由于内摩擦转变为热的机械能，得

$$\Delta T \approx \frac{1}{EE'C} \Delta(\sigma_i^2)$$

岩石力学实验表明，岩石温度随受压而上升，随压力增大的升温值为温压系数（表3.3）。由此可知，岩石如此得到的热量相当可观。

表 3.3　岩石温度随压力增大而上升的温压系数实验结果

岩石	压力增大范围/MPa	升温值/℃	温压系数/（℃/MPa）
砂泥岩	0.8→4.0	2	0.63
砂岩	3.2→25.0	11	0.51
石灰岩	4.5→34.5	18	0.60

岩块断裂时，耗用的变形能使岩体变形错动、辐射弹性波和形成新裂面的表面能。变形错动和辐射弹性波耗用的能量为 ΔG，形成单位面积新裂面的变形能为 n，若形成的新裂面面积为 ΔS，则如此耗用的能量为 $2n\Delta S$。按热力学第一定律，构造运动中，应力场做的功 A，转变为岩体应变能 W 和增加的热量 Q。断裂时，耗用的应变能 ΔW，既供给变形错动和辐射弹性波能量 ΔG，又供给形成新表面能 $2n\Delta S$；还有一部分转化成热量 ΔQ。于是，有关系

$$\Delta W = \Delta G + 2n\Delta S + \Delta Q$$

岩石力学实验表明，岩石压裂后，裂面温度升高（表3.4）。其升温值相当高，若立即用手去摸压碎岩块会感到烫手。

表 3.4　岩石在常温下压裂的破裂面温度（室温为 25℃）

岩石	快速加载张裂后 3 分钟内裂面温度/℃	慢速加载剪裂后 3 分钟内裂面温度/℃
石英岩	28	33
大理岩	28	35
石灰岩	30	41
砂岩	26	30

二岩面法向压力为 P，滑动距离为 D，动摩擦系数为 μ，热功当量为 R，则单位表面的摩擦功 μPD 转变成的热量

$$Q' = \frac{\mu PD}{R}$$

若二表面滑动速度为 V，则单位表面单位时间的摩擦功 μPV 转变成的热量

$$Q = \frac{\mu PV}{R}$$

设滑块是半径为 r 的圆柱，由于柱端滑动而升温并在长度方向产生温度降，于是在柱长方面有热流，并在与滑面相距 S 的横截面处长 $\mathrm{d}s$ 段内获得热量

$$Q_1 = a \frac{\mathrm{d}^2 T}{\mathrm{d}s^2} \pi r^2 \mathrm{d}s$$

式中，a 为岩石热导率。此段柱面热辐射造成的热损失

$$Q_2 = b(T - T_0) 2\pi r \mathrm{d}s$$

式中，b 为岩石冷却系数；T 为辐射表面温度；T_0 为环境温度。则柱体因滑动摩擦得到的热量与辐射掉的热量平衡时，

$$Q_1 = Q_2$$

于是得

$$a\pi r^2 \frac{\mathrm{d}^2 T}{\mathrm{d}s^2} \mathrm{d}s = b 2\pi r (T - T_0) \mathrm{d}s$$

则有

$$T - T_0 = K \mathrm{e}^{\sqrt{(2b/ar)s}} \tag{3.6}$$

由于表面滑动而生的进入滑动柱体中的热量，为滑动生热之半，故为 $Q/2$。当其与辐射掉的热量平衡时，若柱体很长，则有

$$\frac{Q}{2} = \int_0^\infty b(T - T_0) 2\pi r \mathrm{d}s$$

积分，并将式（3.6）代入，得

$$T - T_0 = \frac{Q}{2\pi r^2} \sqrt{\frac{r}{2ab}} \mathrm{e}^{\sqrt{(2b/ar)s}}$$

滑块滑动表面积 $A = \pi r^2$。滑动面上，$S = 0$，将式（3.5）代入上式，得滑面升温

$$\Delta T = \frac{\mu PV}{2RA} \sqrt{\frac{r}{2ab}}$$

取 $\mu = 0.6$，$P = 10\text{kg}$，$V = 5\text{cm/s}$，$A = 1\text{cm}^2$，$a = 0.21\text{J/}$（$\text{cm} \cdot \text{s} \cdot ℃$），$b = 0.0042\text{J/}$（$\text{cm}^2 \cdot ℃$），代入上式，得

$$\Delta T \approx 24℃$$

岩石力学实验表明，二岩面在正压力下摩擦滑动生热而使面上温度升高，其随正压力和滑动距离增大的上升值为摩擦生温系数（表3.5），量值十分可观。

大地震前，大面积地面升温和油井升温的地热异常也说明，岩体在异常应力场作用下变形、破裂、摩擦，发生大量热能。如，1975年海城7.3级地震前，震区应力上升，岩体变形，地下水异常从东、西部顺 NWW 向向震中迁移，地面温度上升，积雪融化。

表3.5　岩石表面温度随摩擦滑动而上升的摩擦升温系数实验结果

岩石	面上正压力（MPa）	二岩面摩擦距离（cm）	面上升温（℃）	摩擦升温系数（℃/MPa·cm）
石灰岩	60	10	12	0.020
粗砂岩	20	9	4	0.022
泥灰岩	20	6	3	0.025
大理岩	45	12	9	0.017

综合上述，岩块变形、破裂、摩擦要消耗大量变形能并转换成热能释放掉，其量可观。说明岩体运动中应力场做功的大部分转变为热能，只有 10% ~ 15% 以残余弹性性能的形式储存在岩体中。在如此的残存应力场作用下，岩块已难以再大量破裂，而多是沿破裂网组成的结构面做碎体滑动运动，这将成为岩体运动的经常机制。这种应力场经常的不规则耗散，使得岩体变形形式也经常随之多变。

3. 岩体运动引起结构改变

岩体运动是由岩块形变和结构面形变所构成。由于结构面常是不连续面和低强度面，而岩块之间的联系又是通过结构面的变形和摩擦实现的，因而裂隙的形态和延续性、夹层的厚度和力学性质、裂隙和夹层分布及密度、岩块接触点的数量和分布，都是影响岩体中应力场分布的重要因素，而它们在岩体运动中又常作重大调整，造成局部应力集中，从结构上降低岩体强度，于是便成为导致岩体破坏的重要内因。

岩体中结构体和结构面在岩体运动中的变动，影响岩体力学性质的各向异性、非均匀性和不连续性及它们的再分布。岩块排列得越规则，结构面越成优势取向，岩体各向异性越强。岩块越坚硬，列隙越平滑，碎块体越大，岩体各向异性也越强。因而岩体运动本身将造成其力学性质的时空多变性而不稳定。

岩体是经过历次构造运动和人类工程破坏了的地质体，其力学性质是已经破坏了的又被

不同程度连结起来的碎块体继续变形的性质，其强度是碎块体的剩余强度。应力达此强度即使保持不变，形变也持续增大，断裂也继续发展。这些都使得岩体强度高低分布范围较大，稍生结构变动便有大量改变，并链锁式的发生一系列应力松弛和应变后效，使得应力场和岩体运动极不稳定。这也是岩体力学参量因时而异，每次测量都不一样的原因之一。

岩体中应力的传播机制有三种：①正压力传递——水平压应力可把横向铅直缝隙压密，铅直压应力可把横向水平缝隙压密，而传递应力；②错动摩擦传递；③剪切变形传递。应力通过结构面时，由于结构面摩擦消耗、缝隙压合而衰减以及表面自由度差异，致使主应力方向稳定性较差。裂面摩擦力较大的夹层抗剪应力较高而接近岩块抗剪强度时，主应力方向通过结构面后改变较小；裂面接近自由表面时，主应力方向在结构面处一律转向与裂面垂直。岩体运动中，由于不断引起岩块和结构面的调整，因而也不断改变应力场的局部分布形式，反之又不断改变岩体继续运动的形式。

岩体工程是在地区构造运动的变动状态中进行和使用的，因而常须循此而做动态设计，并在使用中对之做跟踪观测。

第二节　岩体最易活动的状态

一、高应力状态

1. 正叠场状态

现代应力场与残余应力场同向同性叠加的叠加场，为正叠场。二场同向异性叠加的叠加场，为负叠场。

由于一个地区残余应力场的方向基本稳定（图3.3），现代应力场的方向随地球自转状态而变（图3.4、表3.6），因此对一个具体地区，须先测出残余应力场的分布方向，而现代应力场的分布方向从地球自转状态（图1.7）推定或直接测定，当与残余应力场构成同向同性叠加时，地区便有高应力状态。这是地区岩体最易活动的状态。如，图3.3中发震时的P轴水平分量与残余应力场水平最大主压应力线同向，地区便发生大地震。

图3.4和表3.6表明，大震P轴和地区水平主压力方向，在地球自转加速初期分布在北西象限内，加速两年以上分布在东西约90°角域内，匀速时分布在南北约90°角域内，减速初期分布在北东象限内，减速两年以上分布在东西约90°角域内。由于各地球自转状态发震的P轴与所在地区残余应力场的水平最大主压应力方向同向，构成了同向同性叠加，其方向又与地区断裂带走向构成44°～55°斜交（表3.6），因此极易发生构造运动特别是断裂活动。

表3.6　四个测区残余水平最大主压应力分布方向与P轴的分布方向及当时地球自转速率状态

测区	发震断裂走向	残余水平最大主压应力方向分布角域	P轴方向分布角域	发震时地球自转速率状态
红河断裂带测区	145°	15°～30°	0°～62°	匀速期、加速或减速两年以上
鲜水河断裂带测区	135°	75°～80°	49°～118°	加速或减速两年以上、减速初期

测区	发震断裂走向	残余水平最大主压应力方向分布角域	P轴方向分布角域	发震时地球自转速率状态
安宁河断裂带测区	南北、北东、北西	100°~190°	北部 128°~148° 南部 150°~174°	加速初期、匀速期
龙门山断裂带测区	北东、北西	60°~107°	72°~121°	加速或减速两年以上

注：方向角从正北起顺时针量取。

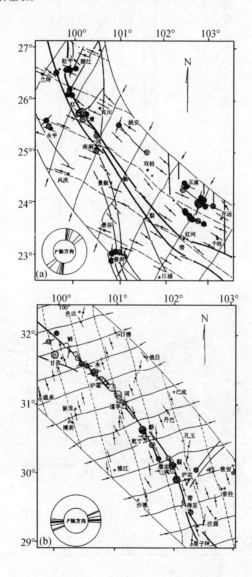

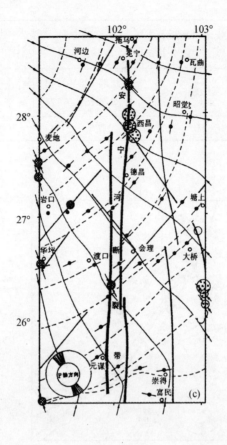

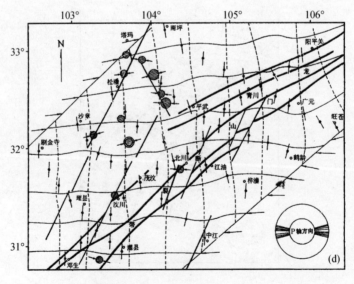

图 3.3 红河（a）、鲜水河（b）、安宁河（c）、龙门山（d）测区用 X 射线法测得的
残余应力场水平主应力线、6 级以上震中和震源机制 P 轴的分布

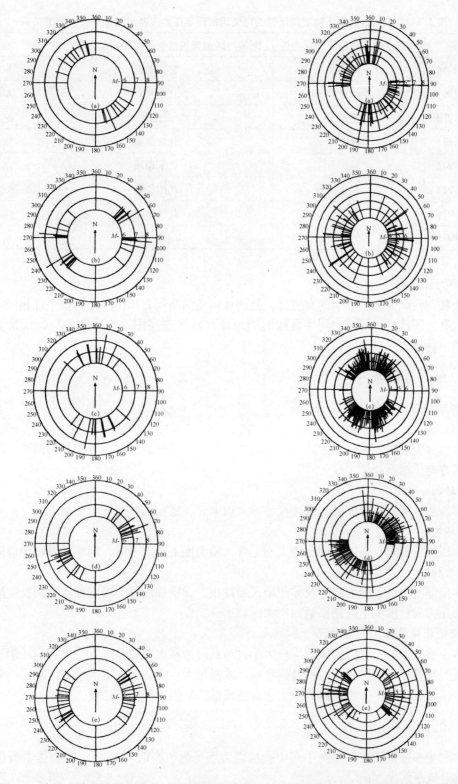

图3.4 东亚大陆7级以上地震（左）和中国中部5级以上地震（右）震源机制解得的震源
主压应力方向与发震时地球自转状态的关系：地球自转加速初期（a）、加速两个以上（b）、
匀速时（c）、减速初期（d）和减速两个以上（e）发震

表 3.7　华北地区断层活动观测反映的地壳浅层逐年压力方向与地球自转状态的关系

年限	地球自转角速度年变化趋势	断裂测区地壳浅层所受压力方向分布范围	测区
1967～1968	减速	北东象限	京津
1968～1969	减速	北东象限	京津
1969～1970	匀速	近南北	京津
1970～1971	减速	北东象限	京津
1971～1972	减速	北东象限	京津
1972～1973	加速	北西象限	京津、山西
1973～1974	加速	北西象限	京津、山西
1974～1975	匀速	近南北	京津

2. 高力源状态

残余和现代应力叠加场中的高值区，是岩体运动的高动力部位，在其他条件相同时，运动强度偏高。因此，二场同向同性叠加时的地球自转状态（图 1.7；表 3.7），便是岩体最易活动的一种状态。

二、低强度状态

1. 影响岩体强度的主要因素

1）载荷

岩体压缩变形时，强度随中间主应力增加而增大，随高载加载次数增加而减小，随接近平行节理方向压缩而降低。

2）时间

岩体压缩变形时，强度随加载速度率增大而上升，随加载时间延长而降低。

3）环境

岩体压缩变形时，强度随围压增大而上升，随温度上升而下降，随水浸量增加而降低。

4）结构

岩体压缩变形时，强度随岩块体积增大而减小，在横截面固定时随加压方向长度增加而增大，加压方向长度固定时随横截面增大而减小。

2. 降低岩体强度的主要状态

岩体压缩变形时，应力场中间主应力小，高载时加载次数多，接近节理方向压缩，加载速率低或时间长；环境围压小，所处温度高，水浸量大；横截面固定受载方向短，受载方向长度固定横截面积大，体中块体体积大，都造成低广义强度和狭义强度。

三、低稳定状态

岩体的变形强弱程度，取决于其中叠加应力场场强的高低（σ，τ）和岩体本身抗变形能力的综合抗断强度（σ_c，τ_s）。

岩体压缩变形安全系数：

$$\eta = \frac{\sigma_c - \sigma}{\sigma_c}$$

岩体剪切变形安全系数：

$$\zeta = \frac{\tau_s - \tau}{\tau_s}$$

$\sigma = \tau = 0$ 时，$\eta = \zeta = 1$，岩体对变形绝对安全；$\sigma = \sigma_c$，$\tau = \tau_s$ 时，$\eta = \zeta = 0$，岩体对变形绝对危险。η 或 ζ 偏低或近于零时，岩体变形较强或巨烈，为变形低稳定状态，此时工区岩体的构造运动强烈。

第三节　围岩作用岩体的途径

一、岩体中几种传力途径

1. 连续岩体传力

岩体中的岩块、岩脉、夹层、变岩性接触带，都可以连续形式传力。

2. 压密裂缝传力

以不同方向或不同强度的压力，把岩体中裂缝不同程度的压密，使压密的裂缝有强度，则可将两盘应力不同程度的传递，应力过此种裂缝时将有衰减。

3. 裂缝剪切错动

二裂面剪切错动，可将应力不同程度的传过此面，应力过此种裂缝时衰减较大。

二、岩体边界受作用形式

1. 传给岩体边界外力

岩体边界受外力作用，为应力边界条件。

岩体中棱边为坐标轴 x、y、z 的微立方体素，边长为 dx、dy、dz，各面上的应力分量：在 x 轴向的有 σ_x、τ_{yx}、τ_{zx}；在 y 轴向的有 σ_y、τ_{xy}、τ_{zy}；在 z 轴向的有 σ_z、τ_{xz}、τ_{yz}。单位体积的体积力 f 在坐标轴向的分量为 f_x、f_y、f_z。体素在面积力和体积力作用下于岩体内平衡，则其在 x、y、z 轴方向有平衡方程式

$$\left.\begin{array}{l} \dfrac{\partial \sigma_x}{\partial x} + \dfrac{\partial \tau_{yx}}{\partial y} + \dfrac{\partial \tau_{zx}}{\partial z} + f_x = 0 \\[3mm] \dfrac{\partial \tau_{xy}}{\partial x} + \dfrac{\partial \sigma_y}{\partial y} + \dfrac{\partial \tau_{zy}}{\partial z} + f_y = 0 \\[3mm] \dfrac{\partial \tau_{xz}}{\partial x} + \dfrac{\partial \tau_{yz}}{\partial y} + \dfrac{\partial \sigma_z}{\partial z} + f_z = 0 \end{array}\right\}$$

此平衡方程组适用于各向异性和各向同性岩体的所有力学状态。

岩体中的应力与边界面的外力也保持平衡。

单位表面上的外力 F 在 x、y、z 轴方向的分量为 F_x、F_y、F_z，对 x、y、z 轴的方向余弦为 l、m、n，则边界面的平衡条件为

$$\left.\begin{array}{l} F_x = l\sigma_x + m\tau_{yx} + n\tau_{zx} \\ F_y = l\tau_{xy} + m\sigma_y + n\tau_{zy} \\ F_z = l\tau_{xz} + m\tau_{yz} + n\sigma_z \end{array}\right\}$$

此边界面处的平衡方程组适用于各向异性和各向同性岩体的所有力学状态，为应力边界条件。

2. 造成岩体边界位移

岩体边界发生位移，为位移边界条件。

岩体中任一点用位移表示的平衡方程为

$$(\lambda' + G') \frac{\partial e}{\partial x} + G' \nabla^2 u + f_x = 0$$

$$(\lambda' + G') \frac{\partial e}{\partial y} + G' \nabla^2 v + f_y = 0$$

$$(\lambda' + G') \frac{\partial e}{\partial z} + G' \nabla^2 w + f_z = 0$$

式中，u、v、w 为点的位移分量；f_x、f_y、f_z 为体积力分量；

$$\lambda' = \frac{E'\nu'}{(1 + \nu')(1 - 2\nu')}$$

$$G' = \frac{E'}{2(1 + \nu')}$$

$$e = e_x + e_y + e_z$$

∇^2 为二阶拉普拉斯算子；E' 为伸缩变形摸；ν' 为变形泊松比。

给定岩体边界位移 u、v、w，还可给定体积力 f_x、f_y、f_z，则用位移表示的边界条件为

$$\lambda'el + G'\frac{\partial u}{\partial N} + G'\left(\frac{\partial u}{\partial x}l + \frac{\partial v}{\partial x}m + \frac{\partial w}{\partial x}n\right) = F_x$$

$$\lambda'em + G' + \frac{\partial v}{\partial N} + G'\left(\frac{\partial u}{\partial y}l + \frac{\partial v}{\partial y}m + \frac{\partial w}{\partial y}n\right) = F_y$$

$$\lambda'en + G'\frac{\partial w}{\partial N} + G'\left(\frac{\partial u}{\partial z}l + \frac{\partial v}{\partial z}m + \frac{\partial w}{\partial z}n\right) = F_z$$

式中，N 是边界外法线。

　　用岩体的应力或位移边界条件，解用应力或位移表示的岩体平衡方程，可求得岩体内各点的应力状态或形变状态，而得到岩体内的应力场或形变场。

第四章 岩体运动与地球自转

本章重点论述全球地块、东亚大陆和中国中部岩体运动方式与地球自转状态的关系以及用之进行岩体运动方式预测和岩体工程预测设计。提出进行工程的未来使用状态预测及在此状态下的预测性设计问题，这是本书的第四个特点。

第一节 地块运动方式时段

由于工程所在地区岩体的运动状态在随时间不断改变，因此须对工程使用期内岩体的运动状态进行预测，并基于对此预测状态下的岩体运动方式进行工程设计。

一、全球地块运动方式

全球 7 级以上地震发生时，震源机制解断节面表示的发震断裂走向和活动方式，与发震时地球自转角速度变化趋势有一定关系；震中分布在断裂带上；内等烈度线长轴方向与发震断裂走向平行（图 4.1）。

图 4.1 表明：地球自转加速初期，在北半球，东西向断裂右旋错动，南北向断裂左旋错动，个别近北东向断裂冲压，表明地块受北西向压缩，在南半球，东西和南北向断裂错动方向与北半球相反，个别近北西向断裂冲压，表明地块受北东向压缩；地球自转加速两年以上时期，北东向断裂右旋错动，北西向断裂左旋错动，个别南北向断裂冲压，表明地块受东西向压缩；地球自转匀速时，北西向断裂右旋错动，北东向断裂左旋错动，个别东西向断裂冲压，表明地块受南北向压缩；地球自转减速初期，在北半球，南北向断裂右旋错动，东西向断裂左旋错动，个别近北西向断裂冲压，说明地块受北东向压缩，在南半球，南北向和东西向断裂错动方向与北半球相反，个别近北东向断裂冲压，说明地块受北西向压缩；地球自转减速两年以上时期，北东向断裂右旋动，北西向断裂右旋错动，个别南北向断裂冲压，说明地块受东西向压缩。

全球大断裂在大地震时的活动及其方式，可反映整个现代地壳运动方式的大格局，并与地球自转产生的东西和南北向力系及其合成有相应的配套关系（图 1.8），符合水平最大主压应力方向与断裂水平共轭扭动及冲压的成因关系。说明了地壳运动方式的大格局与运动的主要天体力源之间一致的因果性，即一个运动是另一个运动的原因，地壳运动的原因来自于质量更大的天体的运动。

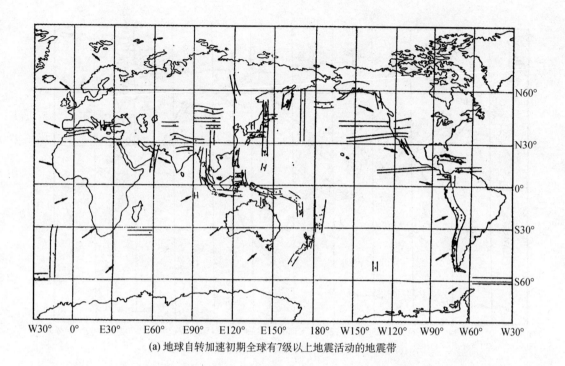

(a) 地球自转加速初期全球有7级以上地震活动的地震带

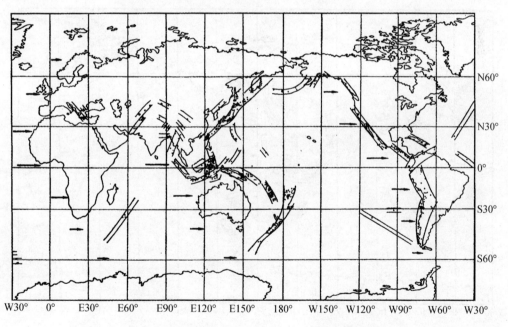

(b) 地球自转加速两年以上全球有7级以上地震活动的地震带

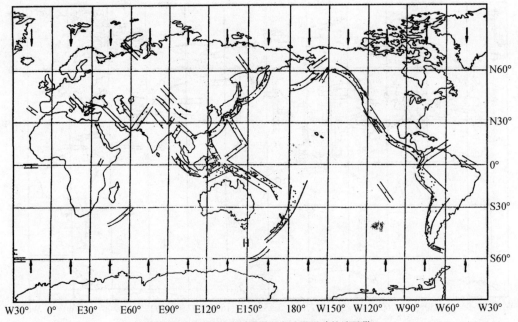

(c) 地球自转匀速时全球有7级以上地震活动的地震带

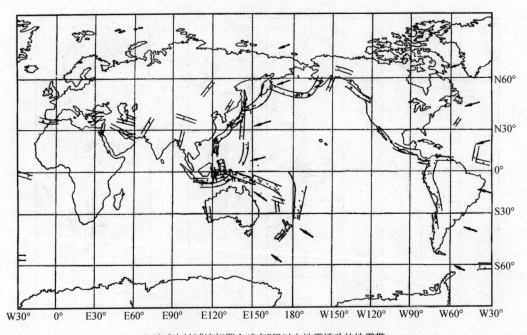

(d) 地球自转减速初期全球有7级以上地震活动的地震带

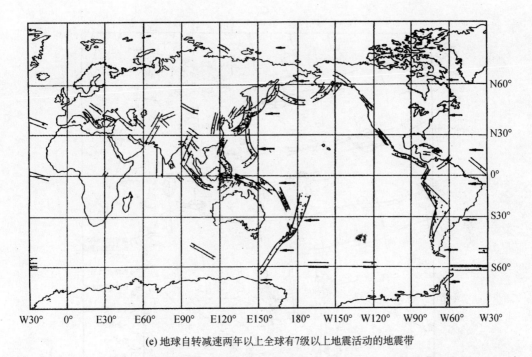

(e) 地球自转减速两年以上全球有7级以上地震活动的地震带

图 4.1 1904 ~ 1972 年全球 7 ~ 7.9 级（小黑点）和 8 ~ 8.9 级（大黑点）震中所在
发震断裂走向与地球自转角速度变化趋势的关系

二、东亚大陆运动方式

东亚大陆 7 级以上地震活动、地震裂缝、地表形变、断层活动、震源机制断节面所表现的东亚大陆活动断裂带的走向及活动方式，与现象发生时地球自转角速度变化趋势有一定关系，且震中皆分布在发震断裂带上，内等烈度线长轴方向与发震断裂走向平行（图4.2）。

图 4.2 表明：地球自转加速初期，东西向断裂右旋错动，南北向断裂左旋错动，各北西角域内的地块向南东而各南东角域内的地块相对向北西成对顶共轭扭动；地球自转加速两年以上时期，北东向断裂右旋错动，北西向断裂左旋错动，各西部角域的地块向东而各东部角域内的地块相对向西成对顶共轭扭动；地球自转匀速时，北东向断裂左旋错动，北西向断裂右旋错动，各北部角域内的地块向南而各南部角域的地块相对向北成对顶共轭扭动；地球自转减速初期，北北东向断裂右旋错动，北西西向断裂左旋错动，各北东角域内的地块向南西而各南西角域内的地块相对向北东成对顶共轭扭动；地球自转减速两年以上时期，北东向断裂右旋错动，北西向断裂左旋错动，各东部角域内的地块向西而各西部角域的地块相对向东成对顶共轭扭动。

东亚大陆大断裂的活动及其方式，可反映整个东亚大陆运动方式的大格局，并与地球自转力系（图3.4）有相应的配套关系，符合水平最大主压应力方向与断裂水平共轭扭动的成因联系。

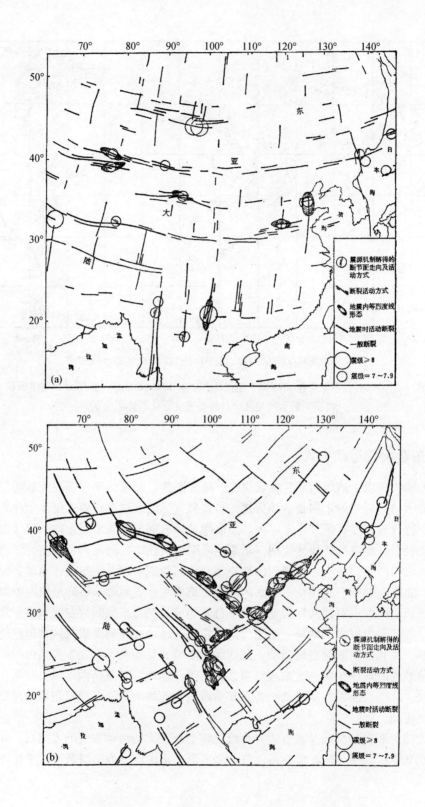

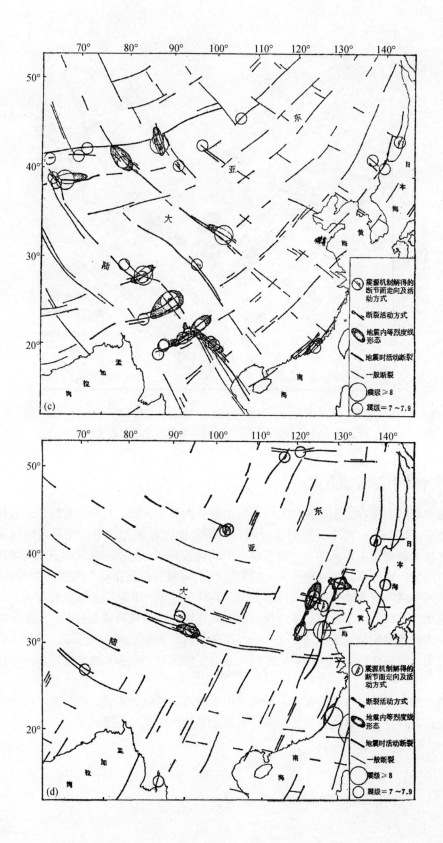

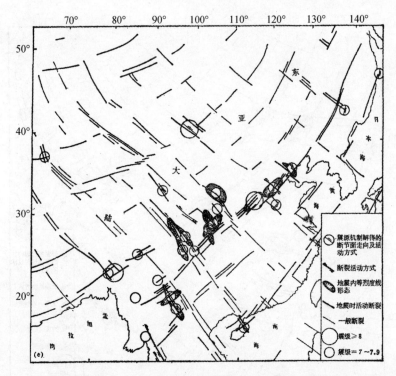

图 4.2　地球自转加速初期（a）、加速两年以上（b）、匀速时（c）、减速初期（d）和
减速两年以上（e）东亚大陆活动断裂带的走向及活动方式

三、中国中部运动方式

中国中部断裂带在发生 6 级以上地震时的断节面活动方式，与发震时的地球自转角速度变化趋势有一定关系，震中沿断裂带分布，内等烈度线长轴方向平行发震断裂（图 4.3）。地球自转加速初期，东西向断裂右旋扭动，南北向断裂左旋扭动，北西和南东角域内的地块呈南西向压缩；地球自转加速两年以上时期，北东向断裂右旋扭动，北西向断裂左旋扭动，西部和东部角域内的地块呈东西向压缩；地球自转匀速期，北东向断裂左旋扭动，北西向断裂右旋扭动，北部和南部角域内的地块呈南北向压缩；地球自转减速初期，北北东向断裂右旋扭动，北西西向断裂左旋扭动，北东和南西角域内的地块呈北东向压缩；地球自转减速两年以上时期，北东向断裂右旋扭动，北西向断裂左旋扭动，东部和西部角域内的地块呈东西向压缩。

中国中部大断裂的活动方式，可反映中国中部陆块的运动方式，并与地球自转状态也有配套关系，并符合水平最大主压应力向与断裂水平共轭扭动的成因联系。

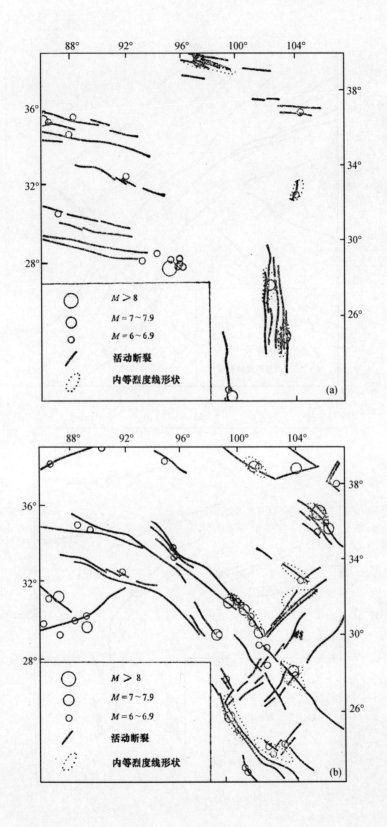

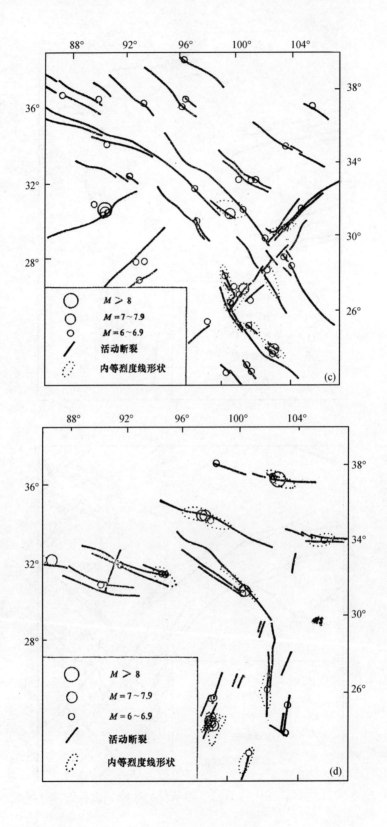

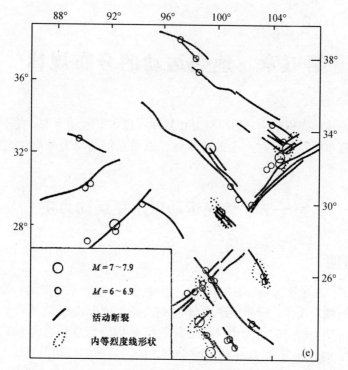

图 4.3　各地球自转状态下中国中部地区活动断裂带和震中及内等烈度线形状

（a）地球自转加速初期；（b）地球自转加速两年以上；（c）地球自转匀速期；

（d）地球自转减速初期；（e）地球自转减速两年以上

第二节　地块运动方式预测

一、岩体运动方式预测

前述全球地块、东亚大陆和中国中部地块运动方式，皆与地球自转状态有明确关系（图 4.1 至图 4.3）。因此，可由地球自转角速度变化趋势（图 1.7），来预测具体地区岩体在工程使用期中的运动方式。

未来的地块变形大小及其速率、断裂活动及其方式，都是在运动状态岩体中进行工程设计的重要动态资料，它直接影响到工程的安全性及使用寿命。

二、岩体工程预测设计

岩体工程预测设计，是根据工区岩体的运动方式及变形速率，进行工程在未来使用期内的预测性设计。由于岩体的运动方式是可变的，因此工程设计也必须考虑这种动态基岩条件。

岩体是其中工程建筑的重要边界条件。如果是受多种岩体运动方式的影响，则必须使工程建筑在使用中能适应这些不断变化的动态边界条件的影响，以保证工程建筑的正常使用。

第五章　地壳运动的分布规律

本章，重点论述地壳构造运动的时空分布规律：以水平运动为主；是不稳定变形；有全球统一性；空间分布等距性；时间上的继承性，以及它们的动力基础。这是本书的第五个特点。

第一节　地壳运动以水平运动为主

一、理论证明

地壳上一点 P，其半径为 r，余纬度为 θ，经度为 ψ。过 P 平行球面、纬面、经面作一径向边长为 d 的球面微六面体，所跨余纬度角为 $\mathrm{d}\theta$，经度角为 $\mathrm{d}\psi$，取其六个面为主平面。上表面为自由表面，其上的主应力为零，故过其重心 E 的表面总径向力为零。下表面上的主应力为 σ_r，则面上的径向力为 $(r-d)^2\sin\theta\mathrm{d}\psi\mathrm{d}\theta \cdot \sigma_r$。高纬侧纬向铅直面上的主应力为 σ_θ，其在 EO 方向的分量为 $\frac{1}{2}\sigma_\theta\mathrm{d}\theta$。低纬侧纬向铅直面上的主应力为 $\sigma_\theta + \frac{\partial\sigma_\theta}{\partial\theta}\mathrm{d}\theta$，其在 EO 方向的分量为 $\frac{1}{2}\left(\sigma_\theta + \frac{\partial\sigma_\theta}{\partial\theta}\right)\mathrm{d}\theta$，略去高阶项后亦为 $\frac{1}{2}\sigma_\theta\mathrm{d}\theta$。故二纬面上法向力在 EO 方向分量的总和，为 $rd\sin\theta\mathrm{d}\psi\mathrm{d}\theta \cdot \sigma_\theta$。左侧经向铅直面上的应力为 σ_ψ，其在 EO 方向的分量为 $\frac{1}{2}\sigma_\psi\mathrm{d}\psi \cdot \sin\theta$。右侧经向铅直面上的主应力为 $\sigma_\psi + \frac{\partial\sigma_\psi}{\partial\psi}\mathrm{d}\psi$，其在 EO 方向的分量为 $\frac{1}{2}\left(\sigma_\psi + \frac{\partial\sigma_\psi}{\partial\psi}\right)\mathrm{d}\psi \cdot \sin\theta$，略去高阶项后亦为 $\frac{1}{2}\sigma_\psi\mathrm{d}\psi \cdot \sin\theta$。故二经面上的法向力在 EO 方向分量之和，为 $rd\sin\theta\mathrm{d}\psi\mathrm{d}\theta \cdot \sigma_\psi$。于是，球面微六面体平衡时，径向 EO 方向的和力

$$(r-d)^2 \cdot \sin\theta\mathrm{d}\psi\mathrm{d}\theta \cdot \sigma_r + rd \cdot \sin\theta\mathrm{d}\psi\mathrm{d}\theta \cdot \sigma_\theta + rd \cdot \sin\theta\mathrm{d}\psi\mathrm{d}\theta \cdot \sigma_\psi = 0$$

化简，成为

$$(r-d)^2 \cdot \sigma_r + rd \cdot \sigma_\theta + rd \cdot \sigma_\psi = 0$$

得

$$\frac{\sigma_r}{\sigma_\theta + \theta_\psi} = -\frac{rd}{(r-d)^2} = -\frac{d}{r\left(1-\dfrac{d}{r}\right)^2}$$

由于岩体厚度 d 与地球半径 r 相比极其微小，故可视 $\dfrac{d}{r} \doteq 0$，则上式变成

$$\frac{\sigma_r}{\sigma_\theta + \sigma_\psi} \doteq -\frac{d}{r}$$

此式说明，径向构造应力与二水平构造应力和之比的绝对值，等于受力岩层深度与地球半径之比。取受构造应力作用的地球表层厚为 900km、50km、30km，则径向构造应力约占水平构造应力的 1/7、1/127、1/212。可见，水平构造应力的数量级远远超过了径向构造应力，而且越向浅层这种差别越大。

构造应力是地壳构造运动的动力，因之就总体上言之，构造运动也应有相应的差别，即与铅直构造运动相比则水平构造运动为主。

二、构造证明

褶皱是向深部消失的水平压缩变形构造，其倒伏和平卧更是水平压缩的证据，阿尔卑斯山水平缩短了 240～320km，喜马拉雅山的抬升使原陆壳水平缩短 300km，洛基山水平缩短 40～100km，阿帕拉契亚山水平缩短 50～80km。这些水平缩短量都已大于地壳厚度。全球性等距离分布巨型经向、纬向构造带、美洲西部 NW—NNW 向构造带与亚洲大陆东部的 NE—NNE 向构造带以及中国西部的 NW—NNW 向西域系、河西系和青藏反 S 形构造对经线成东西两双对称分布。这都是受水平构造运动的重要证据。

断层是地壳主要构造形象，规模长、深度大、分布广、成网系。太平洋东西岸的本尼奥夫带厚 20～40km，地表为深海沟、火山带，深部形态由震源划定，是高波速区。在日本、南美、东亚大陆东南缘，俯冲带深达 700km，并有大洋沉积物随洋块一起俯冲，穿透地壳，已近上地幔下界。地球自转趋势性加速时太平洋块东岸俯冲，趋势性减速时西岸俯冲。阿留申带走向东西向南凸出，地球自转趋势性加速时仰冲，趋势性减速时俯冲，说明主动力方向相反。三维地震层析得知，大洋中脊深 400km，洋脊玄武岩源于上地幔上部。洋脊地震震源机制解的 T 轴与之近正交方向张伸，海沟陆侧地震震源机制解的 P 轴与之近正交方向压缩，转换断层地震震源机制解成东西向平错，东非大裂谷、莱茵地堑水平拉张、大洋中宽 100～200km，长数千千米的平错断层、瑞士阿尔卑斯山格拉尔冲断层水平逆冲 30km、新西兰阿尔卑斯断层水平错距 7cm/a、加利福尼亚断层水平错距 2cm/a、圣安得利斯断层水平错距 1cm/a，这些都是水平构造运动的结果。

1899～1980 年，全球发生 7 级以上地震中，震源深度 <70km 的浅源地震 823 次，震源深度为 70～300km 的中源地震 283 次，震源深度 >300km 的深源地震 77 次。由其震源机制解得，水平错距多大于铅直错距，最大主压应力水平分量大于铅直分量。断层活动观测得的水平错动量也多大于铅直错动量。

地壳古构造应力的测量结果，是水平分量占优势。中国、澳大利亚、日本、英国、奥地利、葡萄牙、美国各陆地测得的古构造残余应力，也多以水平分量为主。

综上可知，全球规模巨大分布广泛的经向、纬向和斜向构造体系，都是水平构造运动的结果；地震震源机制解证明，全球 3/4 的地震主要是由水平断错引起的；大地测量结果表

明，地表水平移动量多比铅直升降量大；岩体褶皱和断层多是水平运动的表现，特别是褶皱变形由上向下变缓及至消失，证明这是地壳表层对基底水平相对错动的结果；高山区重力负异常也是岩体水平运动的证据。

第二节　地壳运动属于不稳定变形

一、构造系统活动的不稳定

全球巨型构造系统，有经向构造系统、纬向构造系统和斜向构造系统三种，它们是由于地壳受纬向张压、经向压缩和斜向压缩与剪切作用而成。新第三纪以来的构造运动、海水进退、沉积分析、冰川分析以及近代大地测量和震源机制解都说明，在此时期内随地球自转总的减速大趋势下不断出现较弱的短期反向加速波动式构造运动。这将从动力源上造成构造系统活动的多变性，不断改变活动方式。

图4.1至图4.3说明，现代构造运动随地球自转变化趋势在大小和方向上都有全球性和地区性改变。

二、构造应力场分布不稳定

前已述及，构造应力场是不稳定场。应力场随时间的变化，自然也造成构造运动的不稳定性。

由于惯性应力的力源在不断改变，加之断层和节理不断活动、岩块在构造运动中的相对移动、转动、破碎和溃散、岩体变形和发生新断裂做功的消耗、岩性受温度和地下水的影响而改变以及应力随时间的松驰和传播过程中的衰减，都造成构造应力场的变化。由于地壳裂隙开度从深层向浅层增大，使得应力释放量向浅层增大，因而浅层应力场比深层总趋势的偏差较大，变化也较之缓慢，但不是不变。目前，就是试图利用应力场在地壳浅层的这种变化，来预测地震活动和工区稳定性。

第三节　地壳运动具有全球统一性

一、构造形成上的统一性

行星是由星际物质旋转收缩凝聚而成的。星际物质中的小质点和小天体，原均沿其固有轨道作各自的惯性运动，当互相进入引力场范围而相互发生吸引时，便改变了各自原有的轨道，缩聚为一个新天体。地球作为一个新天体，当其缩聚而成时，组成它的各小天体相互接触的界面，就成了地球原始的不连续面。在深部由于后来温度变高围压增大而熔结起来，在地壳和上地幔上部这种接缝便不同程度地保留下来，并为后来的构造运动所改造。这些原始接缝，随着地形高处被剥蚀而使低处沉积加厚和范围扩大以及岩浆喷溢所造成的地球形状的逐渐规整化，在后来的构造运动中又不断发生水平和铅直延裂并带动上覆新地层的变形，而使自身的走向逐渐规整化并渐趋平滑，这就是地球最早原有的并被后来改造了的不连续面。它们和后来形成的断裂一起，组成了今日的断裂构造。故地球作为一个天体，并非一开始就是一个球，也并非后来才有裂缝构造。它一开始就是一个形状极不规整并带有许多不连续面的物体。因之，断裂构造是地球上的主要构造形象。

岩体系按一定的构造体系进行构造运动。小自显微构造大至全球性巨型构造，都按各自的体系存在。形态典型且形成条件易于满足才多处可见，型态不典型且形成条件难以满足者不多重见。各构造体系之间，保持一定的复合或联合关系。全球的构造体系共分成几个构造系统，组成地壳的全部构造形迹。

二、构造分布上的统一性

全球性巨型构造系统，有经向构造系统、纬向构造系统和斜向构造系统三种。它们的分布有全球的统一性（图 5.1）。

地球做惯性自转时，由于角速度不断改变着，使得地形高差、大断裂活动、质量不均分布、岩体力学性质各不同以及各地块中低速层的有无、厚度、深度、数量、速差的不同所造成的各地块与下部连接强度的差别，将引起各地块对地球自转状态变化反应的不一致，便造成了各地块的特殊地域性运动，形成局部构造系统，均属小、中型，类型较多，形态受控于地块局部边界条件。但它们形成的受力方式，与三种巨型的构造系统都有全球的统一性，都是受纬向张、压，经向压缩或斜向扭压作用而成。因之，就成因而言，与巨型构造统都有全球的统一性，但形态上又有各自局部的特点。

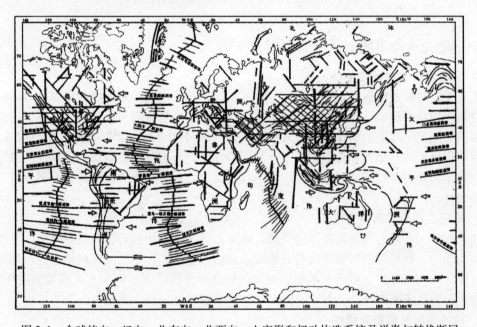

图 5.1　全球纬向、经向、北东向、北西向、山字形和扭动构造系统及洋脊与转换断层

第四节　地壳构造形象的分布等距

一、地壳岩体构造运动空间分布的特点

（1）岩体构造变形和断裂成带状聚集而分布成构造带；

（2）各构造带之间有变形和断裂疏缓的盾地与构造带相间分布；

（3）同一地区或相邻地区先后形成的构造带互相影响，互相制约，先形成者为后形成者的起始条件并对后成者的形态和分布起一定的控制作用而使其常常只占据前者的盾地，后成者可改造先成者而使其卷入新的构造运动。

二、地壳岩体构造形象的分布有等距性

地壳构造带的走向规模不尽相同，但走向平行的构造带中规模相近者，互相约等距分布（图5.1）。如，全球纬向构造带不论在陆地还是在大洋，规模相近者都大致呈等距分布。经向构造带虽不够密集，但也是不分陆地和大洋大致有等距性。斜向构造带也是如此，特别是在欧亚大陆和北美大陆较为显著。

第五节　地壳运动有地史上的继承性

一、地壳运动出现继承性的原因

1. 构造运动成因有继承性

地壳某一时期的构造运动，是其前一强烈运动时期应力场的残余场与当时应力场相互叠加的叠加应力场所造成。前一时期的残余应力场，由于分布方向只要岩石结构不变便长期保留，因而会把前一时期的构造运动方式保留下来一部分或全部，而影响到后期的构造运动，使得后期形成的构造型式和构造形象带有前期的性质，而出现构造运动的继承性，即分布形式、总体走向和力学性质或多或少对前期的有所继承。这将成为构造运动在时间分布上的一个重要属性。

2. 构造运动力源有重复性

地壳构造运动的力源主要是地球自转，地球自转速率变化趋势有时快有时慢，将改变构造运动的动力。如地球自转角速度自古生代以来趋势减速，在总的减速趋势中有短期的快慢波动（图1.6、图3.5），这会使得敏感地区的构造形象出现同一运动方式的重复发生，张、压、扭现象各自不断的再现，并在总的运动趋势中出现张压性、顺反扭的交替变更。

3. 构造形象发展有延续性

构造形象都有各自的发生和发展过程，不断延续。褶皱形成后还要发生走向断层或横切断裂或侧向倒伏，冲断层形成后还会发生横向次级张裂或斜交的共轭剪断裂。这些都是自然的历史发展过程，只要条件一出现便连续发生。

二、地壳运动所具继承性的形式

地壳构造运动随时间发展有多种继承形式：

（1）运动方式不变，构造带形成后，其力学性质经历以后多次运动不变，但延续发展，加剧细化而愈加复杂。如东亚大陆的阴山东西构造带，自古生代受南北向压缩形成以来，多次强烈重复活动，不断加剧，并延至其他陆块和大洋。运动强度呈波状式发展，强烈运动期与舒缓运动期相间分布，在大波动式活动趋势中重叠有小的波状起伏。

（2）构造运动总趋势使构造形象逐渐多样化，不断扩展和改造，形成多期多样构造并存的局面，并使构造形象力学性质出现变化，断裂延裂连通而扩大，褶皱只停留在浅层但复杂化。

（3）运动方式不变，但由于地块结构的调整或应力场分布的发展，而在原构造区位的继承性表现为构造走向和性质出现相差不多的偏离。如，东亚大陆东缘附近的新华夏—华夏系构造，又如中国新疆富蕴1931年8.0级地震断裂与额尔齐斯断裂，其间都是走向有一交角但活动方式没变。这种东西部构造的共同特点：东西对称分布；活动方式有共轭关系；后成者走向偏北；后成者比老构造扭性增强；新构造年轻而有断续性。

第六节　地壳构造形象可互相叠加

一、运动方式多变造成的构造形象叠加

断裂可穿插褶皱而过，也可切错其他断裂而过。断裂自身还可经过正反多次活动，迹象可叠加或相减，现在所见到的只是多次活动后的综合结果。一个冲断层形成后又可再参加正断错动而逆向活动，到最后其余量可是冲断也可是正断。一个反时针水平错动的平断层也可再参加顺时针水平错动，而进行多次的变向水平交替活动。到最后其余量可是反时针错动也可是顺时针错动。因而，其运动发展至今的综合构造形象所显示的力学性质，只是其形态的残余性质，不一定是其最初形成时的原生力学性质。为求其原生力学性质，还必须把后来历次运动的影响逐次减去，进行全过程的回复推演，来还其原生面目。在这个过程中，构造组构和构造矿物将能发挥不可替代的作用，因为每次构造运动只要足够强烈，都会在岩体中留下各自的构造迹象，并能反映各自形成的前后次序。

二、构造系统走向不同造成的互相叠加

地壳构造系统有多种走向和形态，常会使同一构造形象卷入多个系统中去，使互相复合部位具有多重力学性质综合在一起，形态上则叠加在一起而成复杂形态，如交叉背斜、三角形背斜、交叉冲断层。

第六章　地壳运动的动力来源

本章，重点论述地球自转力和地球公转力，提出岩体运动的动力成因或应力场的动力来源，为前述诸章提供动力基础。这是本书的第六个特点。

第一节　地球自转产生的地壳运动力

一、地球自转轴在地质史中的稳定性

全球巨型的经向、纬向和斜向构造系统的走向是稳定的（图 5.1）。这些地壳构造系统形成于前寒武纪、古生代、中生代，直至现代。可见，在地壳各主要构造运动时期内，造成这些构造系统的应力场的纬向、经向主动力方向是基本稳定的。特别是经向、纬向构造系统，在全球成同心圆环—极辐射状分布，说明它们的生成与地球自转轴有十分明确的方位关系。后期的运动直至新构造运动多是继承性的，基本上在原方位按原方式运动，虽在范围和程度上有所发展，但仍遵从经向、纬向分布规律。全球一级经向、纬向构造系统的走向没有发生转动，证明现今地球的经纬向至少与前寒武纪的经纬向大致相同，因之地球自转轴在地球中的位置至少在这段地质时期内变动不大。

二、地球自转对地壳运动的动力作用

把地球垂直自转轴分划成片体，则以角速度 ω 自转时，片体有单位体积离心力 $\rho\omega^2 r$ 的作用，垂直自转轴向应力为 σ_r，则其平衡方程只有

$$\frac{\mathrm{d}\sigma_r}{\mathrm{d}r} + \frac{\sigma - \sigma_\theta}{r} + \rho\omega^2 r = 0 \tag{6.1}$$

几何方程为

$$\left. \begin{aligned} e_r &= \frac{\mathrm{d}u}{\mathrm{d}r} \\ e_\theta &= \frac{u}{r} \end{aligned} \right\} \tag{6.2}$$

u 为径向位移。连续方程为

$$\frac{\mathrm{d}e_\theta}{\mathrm{d}r} = \frac{e_\theta - e_r}{r} = 0 \tag{6.3}$$

物性方程取

$$
\left.\begin{array}{l}
e_{\mathrm{r}} = \dfrac{1}{E'}[\,\sigma_{\mathrm{r}} - \nu'(\sigma_{\theta} + \sigma_{z})\,] \\[2mm]
e_{\theta} = \dfrac{1}{E'}[\,\sigma_{\theta} - \nu'(\sigma_{z} + \sigma_{\mathrm{r}})\,] \\[2mm]
e_{z} = \dfrac{1}{E'}[\,\sigma_{z} - \nu'(\sigma_{\mathrm{r}} + \sigma_{\theta})\,]
\end{array}\right\} \tag{6.4}
$$

由式 (6.1) 至式 (6.4)，解得

$$
\left.\begin{array}{l}
\sigma_{\mathrm{r}} = C_{1} + \dfrac{C_{2}}{r^{2}} - \dfrac{3 + \nu'}{8}\rho\omega^{2}r^{2} \\[2mm]
\sigma_{\theta} = C_{1} - \dfrac{C_{2}}{r^{2}} - \dfrac{1 + 3\nu'}{8}\rho\omega^{2}r^{2}
\end{array}\right\} \tag{6.5}
$$

积分常数 C_{1}，由片体半径 a 端的边界条件 $r = a$，$\sigma_{\mathrm{r}} = 0$ 来定。由于质量密布，取积分常数 $C_{2} = 0$。得应力分量

$$
\sigma_{\mathrm{r}} = \frac{\rho\omega^{2}}{8}(3 + \nu')(a^{2} - r^{2})
$$

$$
\sigma_{\theta} = \frac{\rho\omega^{2}}{8}[\,(3 + \nu')a^{2} - (1 + 3\nu')r^{2}\,]
$$

可见，r 越小，深部的 σ_{r}、σ_{θ} 越大；并且 $\sigma_{\mathrm{r}} > \sigma_{\theta}$。$r = 0$ 处，

$$
\sigma_{\mathrm{r}} = \sigma_{\theta} = \frac{3 + \nu'}{8}\rho\omega^{2}r^{2}
$$

因之，地球是从深部先发生塑性变形。深部先发生塑性屈服变形的深度边界为 $r = b$。在此深度以下，$0 \leqslant r \leqslant b$，由平衡方程，$\sigma_{z} = 0$，$\sigma_{\mathrm{r}}$ 和 σ_{θ} 为正，塑性屈服条件为

$$
\sigma_{\theta} = \sigma_{\mathrm{p}} \quad \text{或} \quad \sigma_{\mathrm{r}} = \sigma_{\mathrm{p}}
$$

σ_{p} 为屈服应力。因边界处 $\sigma_{\mathrm{r}} = 0$，故取用

$$
\sigma_{\theta} = \sigma_{\mathrm{p}}
$$

代入式 (6.1)，得

$$r \frac{\mathrm{d}\sigma_r}{\mathrm{d}r} + \sigma_r = \sigma_p - \rho\omega^2 r^2$$

解为

$$\sigma_r = \sigma_p - \frac{\rho\omega^2 r^2}{3} + \frac{C_3}{r}$$

转轴处，$r = 0$，应力为有限值，则

$$C_3 = 0$$

故塑性屈服深度的应力分量

$$\left. \begin{aligned} \sigma_r &= \sigma_p - \frac{\rho\omega^2 r^2}{3} \\ \sigma_\theta &= \sigma_p \\ \sigma_z &= 0 \end{aligned} \right\} \tag{6.6}$$

此处，$\sigma_\theta > \sigma_r$。在此深度以上，$b \leqslant r \leqslant a$，应力分量

$$\left. \begin{aligned} \sigma_r &= C_1 + \frac{C_2}{r^2} - \frac{3+\nu'}{8}\rho\omega^2 r^2 \\ \sigma_\theta &= C_1 - \frac{C_2}{r^2} - \frac{1+3\nu'}{8}\rho\omega^2 r^2 \end{aligned} \right\} \tag{6.7}$$

由于 $r = a$，$\sigma_r = 0$；$r = b$，$\sigma_{r(上)} = \sigma_{r(p)}$，$\sigma_{\theta(上)} = \sigma_{\theta(P)}$。由式（6.7）中第一式，得

$$C_1 + \frac{C_2}{a^2} - \frac{3+\nu'}{8}\rho\omega^2 a^2 = 0 \tag{6.8}$$

由式（6.6）中第一式和式（6.7）中第一式及 $\sigma_{r(上)} = \sigma_{r(p)}$，得

$$C_1 + \frac{C_2}{b^2} - \frac{3+\nu'}{8}\rho\omega^2 b^2 = \sigma_p - \frac{\rho\omega^2 b^2}{3} \tag{6.9}$$

由式（6.6）中第二式和式（6.7）中第二式及 $\sigma_{\theta(上)} = \sigma_{\theta(P)}$，得

$$C_1 - \frac{C_2}{b^2} - \frac{1+3\nu'}{8}\rho\omega^2 b^2 = \sigma_p \tag{6.10}$$

从式（6.8）至式（6.10）消去常数 C_1 和 C_2，得 $r = b$ 深度处的表示式

$$\rho\omega^2 = \frac{24a^2}{3(3 + \nu')a^4 - 2(1 + 3\nu')a^2b^2 + (1 + 3\nu')b^4}\sigma_\text{P} \qquad (6.11)$$

地球自转轴处发生塑性屈服时，$b = 0$，代入式（6.10）得深部先发生塑性屈服的角速度 ω 与 σ_P 关系的表示式

$$\rho\omega^2 = \frac{8}{(3 + \nu')a^2}\sigma_\text{P}$$

即此时的角速度

$$\omega = \sqrt{\frac{8\sigma_\text{P}}{(3 + \nu')a^2\rho}}$$

取 $\nu' = \dfrac{1}{3}$，得

$$\omega = 1.55\sqrt{\frac{\sigma_\text{P}}{a^2\rho}}$$

地球全部发生塑性屈服变形时，$a = b$，代入式（6.11），得 ω 与 σ_P 的关系为

$$\omega = 1.73\sqrt{\frac{\sigma_\text{P}}{a^2\rho}}$$

由上可知：
①地球以角速度 ω 自转引起的南北向水平应力

$$\sigma_\text{t} = \sigma_\text{r}\sin\varphi = \frac{\rho\omega^2}{8}(3 + \nu')(a^2 - r^2)\sin\varphi$$

φ 为纬度；东西向水平应力

$$\sigma_\theta = \frac{\rho\omega^2}{8}\left[(3 + \nu')a^2 - (1 + 3\nu')r^2\right]$$

②东西向水平应力 $\sigma_\theta > \sigma_r$，随深度分布示于图 6.1。

地球自转中，地壳所受经向力 t 从两极指向赤道，纬向力 τ 在地球自转加速时自西向东，在地球自转减速时自东向西，地球自转匀速时为零。因而 t 与 τ 的合力方向随地球自转状态而变。它们是造成地壳水平应力场的主要力源。

t 和 τ 所造成的地壳水平最大主压应力方向，地球自转加速初期，在北半球分布在北西角域内，在南半球分布在南西角域内；地球自转减速初期，在北半球分布在北东角域内，在南半球分布在南东角域内；地球自转加速或减速两年以上，都分布在东西约 90°角域内；地球自转匀速时，都分布南北约 90°角域内（图1.8、图3.4）。

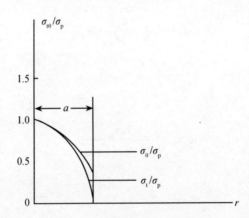

图 6.1　地球自转引起的离心应力与纬向应力沿垂直自转轴距离 r 的分布

地球自转状态自古生代以来总的变化趋势是减速，在减速大趋势中有局部短时的加速波动，因而水平最大主压应力方向也随之而变。

这就是地壳应力场水平最大主压应力方向全球时空分布的大格局与地球自转状态关系的天体力学结果。

第二节　地球公转产生的地壳运动力

一、地球公转力学

质量大小可成比例的二质点，都在以其共同质心为中心的万有引力场中，各自沿以其共同质心为焦点的平面椭圆轨道做有心力运动。行星绕日运动应属此类运动。由于太阳质量为地球质量的 3.3×10^5 倍，近日点向径为 $147 \times 10^6 km$，远日点向径为 $152 \times 10^6 km$，故描述地球绕日运动，可近似取日心坐标系。在太阳系内，只有太阳及各行星相互间作用的内力，系外天体对太阳系的外力作用很小，可略而不计。于是由开普勒第一、第二定律知：地球公转是在太阳引力场中，作为一个质点沿以太阳为焦点的平面椭圆轨道运动；运动的动力只有日地万有引力和地球公转惯性力，以维持沿平面椭圆轨道的运动，这种力学状态是在地球作为天体于其形成时就造成了的，之后一直延续了下来。

按开普勒第二定律，地球呈质点绕日做平面椭圆轨道运动中，其向径单位时间扫过的面积相等，因而是变速平面曲线运动。质点沿平面曲线做变速运动的速度 v 是沿曲线切线方向，大小和方向随处改变。此曲线上 P 点的速度

$$v = \frac{\mathrm{d}r}{\mathrm{d}t}$$

加速度

$$a = \frac{\mathrm{d}v}{\mathrm{d}t} = \frac{\mathrm{d}v_n + \mathrm{d}v_\tau}{\mathrm{d}t} = \frac{\mathrm{d}v_n}{\mathrm{d}t} + \frac{\mathrm{d}v_\tau}{\mathrm{d}t} = a_n + a_\tau$$

式中，$\mathrm{d}v_n$ 表示质点速度在法向的变化；a_n 为法向加速度，方向指向曲线 P 点的曲率中心，又称向心加速度；ρ 为 P 点曲率半径，指向曲率中心 O；$\mathrm{d}v_\tau$ 表示质点速度在切向的变化；a_τ 为切向加速度，方向在 P 点切向指向质点运动方向。

当曲线上二点无限接近时，由于 $\mathrm{d}\alpha$ 微小，视 $\mathrm{d}v_n = v\mathrm{d}\alpha$，$\mathrm{d}r = \rho\mathrm{d}\alpha$，则

$$a_n = \frac{\mathrm{d}v_n}{\mathrm{d}t} = v\frac{\mathrm{d}\alpha}{\mathrm{d}t} = v\frac{\mathrm{d}\alpha}{\mathrm{d}r}\frac{\mathrm{d}r}{\mathrm{d}t} = v\frac{1}{\rho}v = \frac{v^2}{\rho}$$

$$a_\tau = \frac{\mathrm{d}v_\tau}{\mathrm{d}t}$$

因 a_n 与 a_τ 正交，质点总加速度

$$a = \frac{\mathrm{d}v}{\mathrm{d}t} = \sqrt{a_n^2 + a_\tau^2}$$

其方向与曲率半径成角 β，

$$\tan\beta = \frac{a_\tau}{a_n}$$

在匀速曲线运动段，$a_\tau = 0$，速度只改变方向，则

$$a = a_n = \frac{v^2}{\rho} \tag{6.12}$$

按牛顿第二运动定律，a 的方向即质点质量力 ma 的方向，则有关系

$$m\frac{\mathrm{d}^2 r}{\mathrm{d}t^2} = F$$

两点内乘

$$\cdot \frac{\mathrm{d}r}{\mathrm{d}t}\mathrm{d}t = \cdot \mathrm{d}r$$

得

$$m\frac{\mathrm{d}^2 r}{\mathrm{d}t^2} \cdot \frac{\mathrm{d}r}{\mathrm{d}t}\mathrm{d}t = F \cdot \mathrm{d}r$$

即

$$\frac{\mathrm{d}}{\mathrm{d}t}\left[\frac{1}{2}m\left(\frac{\mathrm{d}r}{\mathrm{d}t}\right)^2\right]\mathrm{d}t = F \cdot \mathrm{d}r$$

则有

$$d\left(\frac{1}{2}mv^2\right) = F \cdot \mathrm{d}r \tag{6.13}$$

式（6.13）说明：质量 m 质点动能的微分等于作用力的微分功。即质点动能的增量，等于外力 F 使其位置改变 $\mathrm{d}r$ 所做的功 $F \cdot \mathrm{d}r$；据牛顿第三运动定律，质点同时要给施力体以 $-F$，并做功 $-F \cdot \mathrm{d}r$，则式（6.13）又说明，质点动能的减量，等于质点向外施力 $-F$ 使受力体位置改变 $\mathrm{d}r$ 所做的功 $-F \cdot \mathrm{d}r$。即施力体做功与质点做功符号相反，当施力体做功为正，则质点做功为负；当施力体做功为负，则质点做功为正。功本身的正负则取决于 $F \cdot \mathrm{d}r$ 的符号，F 与 $\mathrm{d}r$ 同向或成锐角时功为正。两者反向或成钝角时功为负。

　　对质量为 M、质心为 C 的质点组（组合体、变形体、刚体），式（6.13）表示为

$$d\left(\frac{1}{2}mv_c^2\right) = F \cdot \mathrm{d}r_c \tag{6.13'}$$

式中，v_c 为质点组质心速度；r_c 为质点组质心向径。质点组从位置1运动到位置2的动能分别为 E_1、E_2，外力功为 A，则式（6.13'）有积分形式

$$E_2 - E_1 = A \tag{6.14}$$

式（6.14）说明：质点组动能改变量等于外力功。此处只论及质点组的平移，其转动留待地球自转部分讨论。于是其动能为移动动能，则在点1、2的动能改变量

$$\Delta E = E_2 - E_1 = \frac{1}{2}M(v_{c2}^2 - v_{c1}^2)$$

功为移动功

$$A = \int_1^2 F \cdot \mathrm{d}r_c = \int_1^2 F\mathrm{d}r_c \cos(F, \mathrm{d}r_c)$$

地球质量非均匀分布,被力学参量突变界面分成地核、地幔、地壳三部分,其质量依次为 $M_核 = 188 \times 10^{22} \mathrm{kg}$,$M_幔 = 405 \times 10^{22} \mathrm{kg}$,$M_壳 = 5 \times 10^{22} \mathrm{kg}$。三者在地球绕日公转中,可有两种基本状态:

1. 界面牢固连结

地核、地幔、地壳在地球绕日运动中牢固连结为一个整体。由于三者的质心都是球心,质心的几何位置重合,而组成一个组合体。按质心定理,质心的运动可视为一个质点的运动,因而只有移动;外力作用于质点组的质心,并唯一地影响质心的运动;三者在运动过程中形体并不分离,三个质心在绕日运动中相互之间保持重合的固定关系而成为一个点;三者都以共同质心的速度 v_c 运动;由式(6.14)知它们共同做功。此时,地球是作为一个质点在绕日运动。但组成地球的地核、地幔、地壳各有自己的动能 $E_核 = \frac{1}{2}M_核 v_c^2$,$E_幔 = \frac{1}{2}M_幔 v_c^2$,$E_壳 = \frac{1}{2}M_壳 v_c^2$。地球质心在近日点和远日点的速度 $v_{c近} = 30.27 \mathrm{km/s}$,$v_{c远} = 29.72 \mathrm{km/s}$,则得地核、地幔、地壳在近日点和远日点的移动动能 E 及其在此二点值之差 ΔE,列于表6.1。其中

$$\Delta E_核 = \frac{1}{2}M_核(v_{c近}^2 - v_{c远}^2)$$

$$\Delta E_幔 = \frac{1}{2}M_幔(v_{c近}^2 - v_{c远}^2)$$

$$\Delta E_壳 = \frac{1}{2}M_壳(v_{c近}^2 - v_{c远}^2)$$

表6.1 地核、地幔、地壳在近日点和远日点的移动动能和质量力及其在此二点的差值

主体	位置	$E/(10^{28}\mathrm{J})$	$\Delta E(10^{28}\mathrm{J})$	$Ma_c/(10^{22}\mathrm{N})$	$\Delta(Ma_c)/(10^{19}\mathrm{N})$
地核	近日点	86130	3102	1.194	43
	远日点	83028		1.151	
地幔	近日点	185547	6683	2.572	93
	远日点	178864		2.472	
地壳	近日点	2291	83	0.033	2
	远日点	2208		0.031	

由于在近日点和远日点地球质心处于匀速状态，$a_{c\tau} = 0$，故 $a_c = a_{cn} = \dfrac{v_c^2}{\rho}$，则由式 (6.12) 得地核、地幔、地壳的质量力

$$M_j a_c = M_j \frac{v_c^2}{\rho}\bigg|_{j=核、幔、壳} \tag{6.15}$$

式中，曲率半径 ρ 取地球在近日点的向径 147.1×10^{22} km。求得地核、地幔、地壳在近日点和远日点的 Ma_c 及其差 $\Delta (Ma_c)$ 值列于表 6.1。从表 6.1 可知：地核、地幔、地壳的移动动能和质量力，都相差巨大；其中以地幔的移动动能和质量为最大，其值从近日点到远日点的改变也最大，这是地球在公转中活动的能动性最强的部分。

2. 界面相互滑动

地核、地幔、地壳在地球绕日运动中三者沿其间低强度层或滑动层相互滑动。由于三者动能和质量力的差异，在共同绕日运动中相互间沿界面发生剪切变形或剪切滑动。这种滑动一旦发生，三者的质心将出现分离而调整地球的质量分布，三者质心的运动速度也因之而出现差异。此时它们从轨道上的点 1 到点 2 动能的改变量变为

$$\frac{1}{2}M_j\left(v_{jc2}^2 - v_{jc1}^2\right) = \int_1^2 F_j \mathrm{d}r_{jc}\bigg|_{j=核、幔、壳} \tag{6.15'}$$

此时地核、地幔、地壳组成了一个地球组合体在绕日运动，这个组合体可相互滑动，所受的力还是太阳引力和地球公转惯性力。式 (6.15′) 说明：当外力对此组合体做功，则三者动能增加；当此三者动能降低，则各自做功；动能改变量大者，做功量也大，造成较大的位移。由于地核、地幔、地壳的质量和质心速度 v_c 出现差异，由式 (6.15) 知，也造成它们向心和切向加速度因之总加速度 a 的不同，使质量力 Ma 出现差异。较大的位移和较大的质量力之差，可造成它们相互间的左右错位前后压张作用。

上述两种基本状态区别的关键，在于质量有巨大差别的地核、地幔、地壳在绕日运动中，是连结为一个整体，还是沿相互间界面滑动而在绕日的共同运动中出现相互间的歧动，使得高动能体和高质量力者有高能动性或超前运动，对其上下层沿低强度界面发生剪切错动，造成地球整体的变形和高能动部分的偏心。可见，此种现象发生的条件是：①地球内存在低强度层；②被低强度层分开的部分有质量差异。据此，在地球公转中地壳内被裂缝分开的高动能、高质量力地块的超前运动，也会对左右两侧的低质量地块发生水平剪切错动，对前面的低质量地块做水平挤压，与后面的地块之间发生水平拉张作用。地幔的偏心还会引起地壳的升降运动。这种作用都会造成地壳中在地球形成时被吸引到一起的各小天体之间的原始缝隙的再活动，并在后来沉积覆盖层中继续向上发展，形成地壳乃至上地幔中继承性大断裂带的不断活动。

地球被密度分布、低强度层或滑动层分为地核、地幔、地壳三部分。三部分中的惯性、动能、惯性力最大者分布在壳下，以地幔的为最大，是地球内部物质运动能动性最大的部

位。地壳中高密度高质量的地块，如大洋地块，平均密度为 3.7g/cm³，是地壳运动中的高能动性部位。

二、洋块活动方式

由前所述，地球自转速度的改变受控于体内质量分布的调整。质量分布的调整是控制其自转速度的根本原因。地球自转状态又是造成地壳运动的动力。可见，从根本上说，地球质量分布的调整是引起地壳运动的动力，即调整地球质量分布的球内物质移动是地壳构造运动的原因，亦即高质量物质体内部物质的运动是另一个低质量物质体构造运动的原因。

质点组牛顿第二运动定律为

$$\sum m_i \frac{\mathrm{d}v_i}{\mathrm{d}t} = \sum F_i \big|_{i=n} \tag{6.16}$$

两边乘 $\mathrm{d}t$ 后积分，得

$$M(vt_2 - vt_1) = \int_{t_1}^{t_2} \sum F_i \cdot \mathrm{d}t = Ft \big|_{i=n}$$

式（6.17）说明，质量 M 的地块从时刻 t_1 开始质心有力 F 作用直到时刻 t_2，在时间（$t_2 - t_1$）$= t$ 内其质心动量改变量等于其冲量 Ft。即一地块的动量增加，则对相邻地块作用的冲量随之增大。这实际是牛顿第二运动定律的另一种表示形式。

地球由于内部质量调整，在地幔总的变速转动带动下，从速度 v_1 到 v_2，洋壳的动量改变

$$M_{洋}(v_2 - v_1)_{洋} = F_{洋} t$$

陆壳的动量改变

$$M_{陆}(v_2 - v_1)_{陆} = F_{陆} t$$

忽略 $(v_2 - v_1)_{洋}$ 与 $(v_2 - v_1)_{陆}$ 的微小差别，则洋壳与陆壳质心作用力之比

$$\frac{F_{陆}}{F_{洋}} = \frac{M_{洋}}{M_{陆}}$$

洋壳面积占全球 71%，陆壳占 29%；洋壳平均密度为 3.7g/cm³，陆壳的为 2.7g/cm³；洋壳地势平均比陆壳低 5km，取地壳平均深度为 35km，代入上式，得

$$\frac{F_{洋}}{F_{陆}} = 3$$

即 $F_{洋}$ 为 $F_{陆}$ 的 3 倍。二力同向，其差表现为高质量洋壳对低质量陆壳的水平纬向作用，地球自转加速时（$v_2 - v_1$）为正，则 ΔF 为正，与地球自转同向，自西向东；地球自转减速时（$v_2 - v_1$）为负，则 ΔF 为负，与地球自转反向，自东向西。这种作用由于受到东西陆块阻碍而在洋陆边界产生惯性反作用。加速时，洋块推前拉后，向东岸陆块压缩，而后边陆块的慢速惯性牵拉则在洋脊造成东西向拉张；减速时，洋块压后拉前，向西岸陆块压缩，而东岸陆块的快速惯性牵拉则也在洋脊造成东西向拉张。于是在东西缘陆块边界附近形成强大的沿岸走向的褶断带。因太平洋和大西洋的 ΔF_i 不同，前者大于后者，使前者东西缘沿岸走向的构造带强烈，深大断裂深达 700km，中深震多，是全球特大地震多发带。

洋块的如此活动方式，使得其周边震源机制解的 P 轴垂直边缘带，洋脊处的 T 轴垂直洋脊走向（图 6.2），拉牵洋脊，它们都反映了洋块活动的特点。

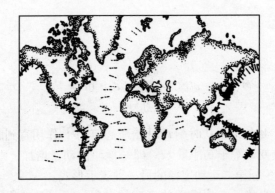

图 6.2　大洋洋脊和周边震源机制解 P 轴方向（实线）和 T 轴方向（虚线）分布图
（A. E. Scheidegger, 1957；L. M. Balakina, 1969；T. J. Fitch, 1970；
市川政治, 1971；B. Isacks&T. Johnson, 1972；作者）

第七章　岩体工程设计新理念

本章重点讨论岩体工程新的要素、设计特点、所需动态观测资料以及一些新的重要概念和设计结果的近似性。

第一节　岩体工程新的要素

一、新的设计特点

综合前述六章的论述，本书所说岩体工程设计有如下六个新特点：

（1）工区处在残余和现代应力叠加场中。

（2）工区力学条件计算使用岩体综合力学性质参量。

（3）工区处在不断变动应力场和岩体运动动态中。

（4）工区未来使用期的应力场和岩体运动动力过程是可以预测的。

（5）工区使用期岩体运动动力过程遵从全球性岩体运动规律。

（6）工区岩体所受地球自转动力有重要作用。

二、所需动态资料

本书所论工程设计，需要如下几种动态观测资料：

（1）连续观测叠加应力场。

①测残余应力场随地震、山崩等的可见衰减。

②测现代应力场随动力源改变和构造运动消耗引起的变化。

计算应力场时，有应力边界条件则用应力边界条件，有位移边界条件则用位移边界条件。若区内有少数应力或位移实测点，可假设一系列边界条件进行试算，直到实测点的计算结果与实测结果一致时为止，便选用此边界条件。

（2）预测岩体运动的动力过程。

（3）推算岩体综合力学参量。

（4）预测地球自转变化趋势。

把对地球自转天文观测曲线的拟合曲线延时间轴向后外推，求得其未来变化趋势。

第二节　岩体工程重要概念

一、岩块力学性质特征

1. 岩块力学性质实验分析方法

岩块是连续的岩石块体，与其间的不连续或低强度结构面共同构成岩体，因而是组成岩体的基本实体。岩块力学性质实验和分析所用方法如下：

（1）岩块力学参量及其变化规律是对各代表地区岩样的统计结果。工作中所遇到现场岩块的参量则可能与之不同，因而尚须对当地岩块力学参量和经验公式中的系数进行重新测量或修正，或选用新的经验公式。

（2）实验用岩块多不大于 10cm，个别的达 2m，把测得结果用到更大岩块上去，属于尺度放大的外推，适用性尚须证明。

（3）测得的岩块力学参量是近似值，用之求得的结果自然也有近似性，并造成误差传递。因为实验时做了如下假定：

①视岩块边界和内部应力应变均匀分布而取了其平均值。

②认为岩块是均质的而使求得的力学参量在其中均匀分布。

③认为用简化的边界条件能求得复杂边界条件下的相应值。

④认为计算应力所取面积的大小对面上应力平均值无影响。

2. 岩块力学性质特征

实验结果表明，岩块力学性质有如下特征：

（1）岩块力学性质参量都不是恒量，随影响因素变化而改变。

（2）岩块纯弹性变形是瞬时现象，并有一限定值，受载时间延长则发生随之增大的塑性变形。

（3）在一定状态下，岩块一些力学参量之间存在一定的关系。

（4）岩块压缩到一定阶段发生体积膨胀，随应力增大或时间延长而增加。

（5）岩块在恒定应力作用下，应变随时间延长、温度升高、围压降低、浸水增多、孔隙压降而增大，说明形变增大不一定反映应力增加，但反映向破裂发展。

（6）岩块力学性质参量，随各向异性、应力大小、岩块形变而变。不同方向有不同力学性质和变形现象；同一方向加不同载荷亦有不同力学性质和变形现象；沿不同形状岩块各方向加载亦反映不同力学性质和变形现象。因之，在地壳一定应力场中一定方位的岩块，须先估得应力大小和方向，才能选取岩块在此应力状态下的力学参量。

（7）岩块力学性质与受载历史有关，过去受载形成的压密、松胀、压碎和微裂，均影响以后的力学性质。因此，须考虑前各历史阶段及现代施工过程加卸载对以后使用的影响。

（8）岩块破坏的途径有多种：增大变形应力；在一定应力下，升温度、降围压、加浸水、慢加载、减孔隙压；在一定最大、最小主压应力 σ_1、σ_3 下减小中间主应力 σ_2，或在一定 σ_1、σ_2 下减小 σ_3；循环加一定大小的载荷。

（9）三个均等主应力为体积应力，造成体积改变，但不造成形态改变和破坏，因之是岩块变形物理条件称为围压，能用之测体积弹性模量。但若取三个主应力之和的平均值为体积应力，则这种载荷不仅也会造成变形和破坏，而且用之来测体积弹性模量便在概念上就使此模量成为多解的变量了。因为使三个主应力之和的平均值为某定值，可有许多个应力状态。

（10）求得了张压变形模量 E'，便可得剪应力-剪应变关系

$$\tau_{ij} = \frac{E'e_i - E'e_j}{2}\sin 2\theta = E'\frac{\gamma_{ij}}{2}$$

因之，了解岩块的应力-应变关系，只须做拉、压实验已足够，而不必再做剪切实验。

二、岩体力学性质特征

（1）岩体形变是岩块形变和结构面形变的总和。结构面是裂面或低强度层，因而其作用更加重要，降低岩体强度，增大塑性形变，并使模量时大时小，时正时负，甚至近于零或无限大；达强度极限时，结构面或连通或再裂或延裂或切割岩块，使应力降到岩体剩余强度，其值甚低。

（2）岩块和结构面强度的分布，决定岩体力学性质的各向异性、非均匀性和不连续性。岩块排列越规则、结构面取向越少、岩块越坚硬、裂隙越平滑、碎块体越大，岩体各向异性越强。

（3）岩体变形由岩块变形、移动、转动及结构面张压、错动来实现，由于其结构的复杂性、所处环境和受力状态的时空多变性都影响力学性质，因而使力学性质有时空多变性而不稳定，于是实测的力学参量也是时间、环境和受力状态的函数，而不是恒量，只是统计的近似值。

（4）岩体结构缺陷尺寸比岩块的大，结构面结合力较低，同载荷下的形变量比岩块大1～2个数量级以上；岩体力学性质与历史演变过程有关，变形和断裂可给出历史记录；岩体是经过构造运动和工程破坏的地质体，其强度是碎块体的剩余强度，应力达此强度保持不变，形变也继续增大，断裂也继续发展。因而使得岩体模量和强度比组成岩块的低得多。

（5）岩体的各种力学参量是岩块和结构面变形和破坏的统一结果，因而相互间有一定统计的近线性联系。

（6）岩体力学参量由于结构的复杂性和变形机制的多样性，而都各有较大的分布范围。

（7）岩体所受围压随深度增大，这使得缝隙闭合、夹层压紧、孔洞压密、密度增大、结构变化而改变力学性质，使碎块体向连续体转化，低均匀度向高均匀度转化，各向异性向低程度转化，低模量和低强度向高值转化，低塑性向高塑性转化，高渗透率向低渗透率转化，水对断裂活动的作用减弱，并在地壳有一个影响深度下限。

（8）岩体构造变形和断裂是长期受载的结果，时间有重要作用，这是地壳岩体力学性质的重要特点，变形遵从蠕变规律，断裂依循长期强度。

（9）岩体力学参量因地而异，各地同类岩样测量结果不相同；因时而异，同类岩样每次测量结果都不一样；因条件而异，结果随物化条件而变。因之，使用时须就地测量，同时测量，不能任意向他区他时外延。

（10）不连续性是岩体重要特征。

三、应力场计算近似性

当代岩体应力分析的现状及尚须继续解决的问题如下：

（1）对固定坐标系，岩体中各点的力学参量为同一值的是均质体，为不同值的是非均质体；对一定岩体，其力学参量是环境因素、受载状态和受载时间的函数，故瞬时参量只用于瞬时受载状态，长期参量用于长期受载状态；岩体连续是微分运算的基础，各微分方程只适用于连续岩体，裂隙岩体不满足微分方程特别是连续方程，因之只有当连续性分析的量相当于垮过断面的尺寸时，才只能近似有效；应力主轴与应变主轴重合，且应力与应变分布曲面成几何相似，只适用于各向同性体，各向异性体二主轴不重合，须分别确定应力主方向和应变主方向，且应力分布曲面与应变分布曲面的几何形状也不相似。

（2）岩体在一定的结构形式、受力方式和物化环境下，应力分布是坐标和时间的函数。根据力学现象发生的时间，来选用分析所用的弹性、弹塑性、塑性和蠕变理论。这无论对长期或短时现象，都只适用于单一的加载过程或卸载过程，而对多次加卸载循环过程必须考虑时间的影响。对短时的循环过程，当误差允许时，这些理论是适用的。但时间长了，多次加卸载循环过程则没有统一的力学参量，作为应力-应变曲线斜率的各种模量可不断改变大小、正负，并可逼近零或无限大，而且泊松比进入大应变状态后变化较大而成为变量。这些因素，使得应力与应变在长时间加卸载循环过程中失去了单值关系。这说明，岩体中的应力和应变作为二独立变量，其间的函数关系的可逆性并不处处成立，而只适用于瞬时或短时的载荷状态，在短时间内这种关系已成为近似性的，时间延长由于作为环境、受载、结构和时间函数的塑性形变增大，使得应力与应变在多次正逆过程中所生的多解性会把计算结果的差异不断累积而渐渐增加，可达到使用中不能允许的程度。

（3）为使用方便，选用了略去应变高次项的小应变理论，并忽略体积压缩性，假定有限个小量之和仍为小量，小到与 1 相比可以略去不计。无疑这已在理论上便引入了基础误差。这种小应变理论对地壳运动中的大形变，自然是不适用的。

（4）质量守恒、能量守恒、动量守恒、动量矩守恒的积分形式对地块整体都有效，认为它们对地块中的微体的微分形式也成立。这是从整体到局部的微化假设，其正确性在力学上尚未得到证实。

（5）岩体受力后，不只发生变形，还有岩块的移动和转动，变形也是碎块体堆积变形，这些都是消耗能量的过程。因而单纯用应力与应变关系来处理这种整体力学问题，对结构复杂的岩体变形过程来说只是一种纯理想化假设，在理论上还没有研究清楚。这个问题，须要放到非连续体岩体力学中去解决。现代借用的连续体力学理论，也不是由基本粒子理论导出的，而是根据宏观实验归纳出的可无限分割的连续体宏观理论，再用于宏观实际现象中去，最后用宏观世界来检验。这在自然科学上，是不充分的。在建立抽象理论过程中，只抓住了所重视的某些方面，再借助一些理想化假定来处理，这在一定程度上是对自然界这些所重视方面的近似，使用起来自然有它一定的有效范围，而不可能到处适用，更不是高精确度理论。因为这种理论与地壳地块的实际，存在较大的差异。这种理论基础中的根本性问题，只好留待下一个历史阶段来解决了。现阶段问题的严重性，是不能只想到处去使用它，而不管其中存在什么问题和对使用结果影响到什么程度。

（6）岩体力学参量及其实测过程，国内外有多种取法，各不相同，无统一规定，使得测量结果的差异常超过使用误差的限制。

①应力定义：

自然应力
$$S = \lim_{A \to 0} \frac{F}{A}$$

工程应力
$$\sigma = \frac{F}{A}$$

选取受力面积 A 时，范围大小各不相同。A 范围取得大，所得的 σ 表示大范围平均值；

A 范围取得小，σ 表示局部值。A 大小不同，算出的 σ 值随之而异，主方向也随之而变。使用中把 A 取多大算符合客观实际，尚无标准，因人而异。因之，对同一地点，每人算得的结果，各不相同。

②应变定义：叠加应力场中的应变为叠加应变。

自然应变

$$\varepsilon = \int_{l_0}^{l} \frac{\mathrm{d}l}{l} = \ln\left(\frac{l}{l_0}\right)$$

工程应变：始点应变

$$e = \frac{l - l_0}{l_0}$$

终点应变

$$e = \frac{l - l_0}{l}$$

二者有关系

$$\varepsilon = \ln(1 + e)$$

小应变时，$\varepsilon - e \approx 0$；应变增大，$\varepsilon - e$ 也随之增大。

③模量定义：

平均模量（全量模量）

$$E = \frac{\sigma - 0}{e - 0}$$

割线模量（增量模量）

$$E = \frac{\sigma - \sigma_0}{e - e_0}$$

切线模量（状态模量）

$$E = \frac{\mathrm{d}\sigma}{\mathrm{d}e}$$

④泊松比定义：

自然泊松比

$$\nu = \frac{\varepsilon_2}{\varepsilon_1}$$

工程泊松比

$$\nu = \frac{e_2}{e_1}$$

⑤弹性模量定义：

岩体受力后，立即发生瞬时应变，还有一部分应变须逐渐来达到其渐近值；卸去外力，应变立即发生瞬时回复，还有一部分要逐渐回复。此为滞弹性，是摩擦内耗引起的。延迟的时间，为弛豫时间。岩体经过弛豫时间，才能达到平衡状态。因之，即使对同一岩体，由于实验时间不同，测得的弹性模量也不同。

a. 瞬时弹性模量。

岩体受载后，瞬时应力增量 $\Delta\sigma$ 与瞬时应变增量 Δe 之比，为瞬时弹性模量

$$E_0 = \frac{\Delta\sigma}{\Delta e} \tag{7.1}$$

b. 弛豫弹性模量。

岩体在恒应变下应力的弛豫时间为 t_e，在恒应力下应变的弛豫时间为 t_σ，则应力与应变

达最终值的驰豫弹性模量

$$E = \frac{\sigma + t_e \dot{\sigma}}{e + t_\sigma \dot{e}} \qquad (7.2)$$

对时间 dt 积分，引入式 (7.1)，得

$$\frac{E_0}{E} = \frac{t_\sigma}{t_e}$$

用式 (7.2) 来建立物性方程，含应力与应变对时间的高价导数。忽略驰豫部分，则变为用式 (7.1) 建立的应力与应变线性方程。

滞弹性是驰豫过程的叠加结果。有的岩体驰豫应力是应力中的一小部分，而有的则是一大部分，这由岩性来决定。

张压、剪切、体积载荷下，岩体的驰豫强度各不相同，相对表示为

$$\Delta_E = \frac{E_0 - E}{E}$$

$$\Delta_G = \frac{G_0 - G}{G}$$

$$\Delta_K = \frac{K_0 - K}{K}$$

静水压力下，常无驰豫，故取 $\Delta_K = 0$。由于

$$E = \frac{9KG}{3K + G}$$

引入泊松比 ν，得 Δ_E、Δ_G 的关系

$$\Delta_G = \frac{3}{2(1 + \nu)} \Delta_E$$

驰豫中的很小误差，在函数 $\Delta(t)$ 中也会引起相当大的误差。$\Delta(t)$ 对实验的微小误差都极其敏感。

计算应力场时，岩体的构造、岩性、结构、地形、边界条件等选择中的相似性，计算所用理论的简化假定，都会造成计算结果的相似性，而与实际应力场出现不同程度的偏差。

第八章　岩体工程预期的问题

本章提出工程岩体力学中将会遇到的一些尚未解决的重要问题，将它们归纳为动力问题和岩性问题两大类。主要有现代岩体应力测量尚存在的主要问题和工程中使用应力种类的选择、岩体的碎块体特性和孔隙多晶体特性及物性方程中应含有的时间因素。

第一节　动　力　问　题

一、现代岩体应力测量主要问题

国内外岩体应力测量存在的原理和方法问题：

1. 假定岩体力学性质各向同性

"岩体应力测量"实际是在岩块中进行的。现于实际的正交异性岩块中，设坐标面与正交异性对称面重合，另设测点岩块力学性质的均匀性、线弹性、恒定性假定都满足，只突出减去正交异性一个因素所引起的后果。试论"应变丛法"和"圆钻孔法"两大类。

1）应变丛法

这类测法，是用钻孔或钻槽测得岩块中三个方向正应变，转求应力。

垂直孔轴的平面应力状态下，用等角应变丛测得相间 $60°$ 三个正应变 e_a、e_b、e_c，取 $E = E_x$，$\beta = \dfrac{E_y}{E_x}$，$\nu' = \dfrac{E_x}{2G} - 1$，得正交异性岩块中垂直孔轴平面（$x$，$y$）上的最大、最小主应力和主方向

$$
\left.\begin{aligned}
\left.\begin{matrix} \sigma_{M异} \\ \sigma_{m异} \end{matrix}\right| &= \frac{E}{6(1-\beta\nu^2)} \Big\{ 2(1+\beta\nu)(e_a + e_c) - (1-3\beta-2\beta\nu)e_b \\
&\quad \pm \sqrt{\left[2(1-\beta\nu)(e_a+e_c) - (1+3\beta-4\beta\nu)e_b\right]^2 + 12\left(\frac{1-\beta\nu^2}{1+\nu'}\right)^2(e_a-e_c)^2} \Big\} \\
\tan 2\theta_{M异} &= \frac{2\sqrt{3}(1-\beta\nu^2)(e_a-e_c)}{(1+\nu')\left[2(1-\beta\nu)(e_a+e_c) - (1+3\beta-4\beta\nu)e_b\right]}
\end{aligned}\right\} \quad (8.1)
$$

若 $\beta = 1$，$\nu' = \nu$，则上式变为各向同性体的 $\sigma_{M同}$、$\sigma_{m同}$、$\theta_{M同}$ 的表示式。

把正交异性岩块假定为各向同性体，设 $e_a = e_b = e_c$，取 $\nu = \nu' = 0.25$，当 $\beta = 2$ 时，引起的 σ_M 的偏差为 110%，σ_m 的偏差为 30%；随 $\beta \to \nu^{-2}$，σ_M、σ_m 的偏差增大；当 $\beta > \nu^{-2}$ 时，$\sigma_{M异}$、$\sigma_{m异}$ 都是压应力，而 $\sigma_{M同}$、$\sigma_{m同}$ 则都是张应力；$\sigma_{M异}$、$\sigma_{m异}$ 方向明确，但 $\sigma_{M同}$、$\sigma_{m同}$ 相等而分不出各自的方向。设 $e_a = e_c$，$e_b = -2e_a$，取 $\nu = \nu' = 0.25$，当 $\beta = 2$ 时，引起的 σ_M 偏差为 30%，σ_m 偏差为 110%；当 $\nu^{-1} < \beta < \nu^{-2}$ 时，$\sigma_{M异}$、$\sigma_{m异}$ 都是压应力，而 $\sigma_{M同}$、$\sigma_{m同}$ 却是一张一压；当 $\beta > \nu^{-2}$ 时，$\sigma_{M异}$、$\sigma_{m异}$ 都是张应力，$\sigma_{M同}$、$\sigma_{m同}$ 仍为一张一压；主应力方向

$\theta_{\text{M异}} = \theta_{\text{m同}} + 90°$。

  2）圆钻孔法

  这类测法，测孔壁三个方向径向弹性应变，转求应力。

  垂直孔轴平面应力问题，用等角形变测量探头，测得相间 60° 三个径向应变 e_a、e_b、e_c，取 $E = E_x$，得垂直孔轴方向的应力

$$
\left.
\begin{aligned}
\sigma_{\text{x异}} &= \frac{2E}{3(1+\alpha_1)(1+\alpha_2)(\alpha_1+\alpha_2)}\Big[(\alpha_1+\alpha_2+\alpha_1\alpha_2)(e_a+e_c) \\
&\quad -\frac{1}{2}(\alpha_1+\alpha_2+\alpha_1\alpha_2-3)e_b\Big] \\
\sigma_{\text{y异}} &= \frac{2E}{3(1+\alpha_1)(1+\alpha_2)(\alpha_1+\alpha_2)}\Big[(e_a+e_c) \\
&\quad +\frac{1}{2\alpha_1\alpha_2}(3\alpha_1+3\alpha_2-\alpha_1\alpha_2+3)e_b\Big] \\
\tau_{\text{xy异}} &= \frac{2E}{3(1+\alpha_1)(1+\alpha_2)(\alpha_1+\alpha_2)}(e_a-e_c)
\end{aligned}
\right\}
\tag{8.2}
$$

  取正交异性系数函数 $\alpha_1 = \alpha_2 = 1$，则上式为各向同性体的解。

  把正交异性岩块假定为各向同性体，设 $e_a = e_b = e_c$，当 $\beta = 2$ 时，σ_M 的偏差为 53%；$\sigma_{\text{M异}}$、$\sigma_{\text{m异}}$ 主方向明确，$\sigma_{\text{M同}}$、$\sigma_{\text{m同}}$ 相等而分不出各自的方向。设 $e_a = e_c$，$e_b = -2e_a$，当 $\beta = 2$ 时，σ_m 偏差为 84%。

  2. 没考虑钻孔效应

  测量中打钻孔或钻槽时，因钻头和钻杆在钻进中强烈的机械振动，造成对孔壁的高载荷撞击，使距孔壁几厘米至几十厘米内的围岩中发生了大量微破裂，其数量随与孔壁距离的减小而增加，使围岩的弹性模量和强度极限明显降低（图 8.1），并使其各向异性系数增大（图 8.2）。因此，钻孔周围岩块力学性质是不均匀的，已不能再用均匀的假定。

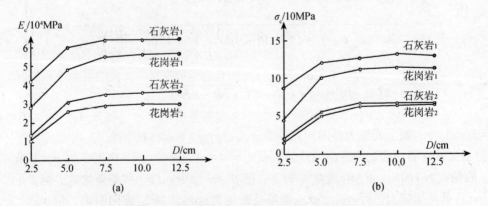

图 8.1　钻孔围岩中压缩弹性模量（a）和抗压强度（b）随与孔壁距离的变化

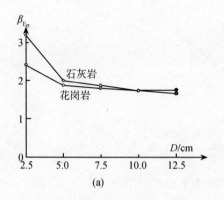 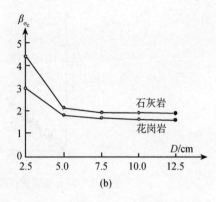

图 8.2　钻孔围岩压缩弹性模量正交异性系数（a）和抗压强度正交异性系数（b）
随与孔壁距离的变化

图 8.1 表明，钻孔周围岩块弹性模量降低了 40% ~70% , 强度极限降低了 40% ~80% 。
由于在计算主应力的方程组（8.1）、（8.2）中，弹性模量是乘积项，故其变化引起的影响
直接进入误差。

图 8.2 表明，近孔壁围岩弹性模量正交异性系数增加到 2.4 ~3.2 , 强度极限正交异性
系数增加到 3.0 ~4.4 。此时，取 $\beta = 3$, 当 $e_a = e_b = e_c$ 时，用等角应变丛法算得 σ_M 的偏差达
250% , σ_m 的偏差达 60% ; 用等角钻孔形变法算得 σ_M 的偏差达 80% 。

3. 忽视了测量中时间的影响

一次应力测量过程，一般需 30 分钟以上。这中间岩块已发生了蠕变，其第一阶段随时
间的延长塑性形变量不断增大，已不遵从线弹性形变规律。

钻孔法和钻槽法所用的应力解除和应力恢复过程均把原地应力状态破坏，预加载荷量值
较大并造成外加的应力升降，再加之原地应力的变化，使得岩块应力-应变曲线出现滞后环，
一个应变值可对应多个应力值，一个应力值可对应多个应变值，使应力与应变之间失去了单
值关系，而且曲线斜率——模量，不断改变，使变形模量大小波动，时正时负，甚至近于零
或无限大。

弹性参量的改量，使得在均匀、恒定、各向同性假定下推导应力表示式的过程变得复杂
化，而不能再把这些参量看做在岩块中均匀分布、大小不变、各向均等的简单物理量，更不
能在运算中提到括弧之外而简化算式，最后也得不出测量中所用简化的应力计算公式。

4. 简化了岩块力学性质多变性

岩块是有孔隙的结构复杂的多晶体，其弹性模量是应力大小（图8.3），增加速度（图
8.4、图8.5），增加量级（图8.6），加载次数和卸载恢复时间（图8.6）的综合函数。只当
受载时间极短时，联系其应力和应变关系的模量才是弹性的且升降变化可逆。只有当应力大
小不变，增加速度恒定，增加量级一样，弹性模量才稳定。但还是随受载的次数和每次卸载
的恢复时间长短不同而变。而且应力测量，要测的就是各测点和不同测点不同的应力及其
改变。

上述皆说明，岩块的力学参量有多变性，在应力测量中，已非恒量。它们不能提供稳定
的环境来保证在岩块中单只测求应力以至应力的改变。

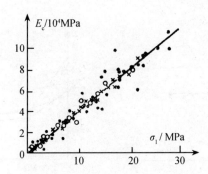

图 8.3　岩石压缩弹性模量与最大水平主应力的关系

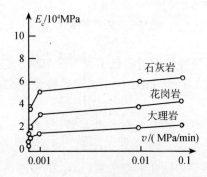

图 8.4　岩石压缩弹性模量与加载速度的关系

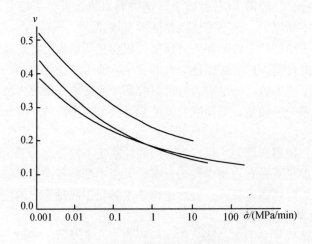

图 8.5　岩块泊松比与加载速率的关系

　　把岩块力学参量假定为恒定的、均匀的、线弹性的、各向同性的，这是国内外岩体应力测量的共同性问题。由此引起的最大综合误差，对主应力大小可达 100%，对主应力方向可达 90°。

　　在简化假定下所测求的也只是岩块中应力，还不是岩体应力。为求取岩体应力，尚须继续做进一步工作。因为岩块中的应力分布，直接由岩块形状、岩块岩性和边界条件来决定，

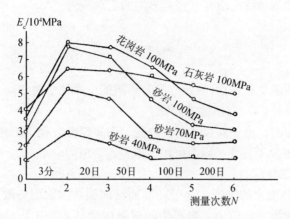

图 8.6　第一次加载后岩块压缩弹性模量的增大和恢复过程

而各岩块的这些条件又不尽相同,因而都不能单独给出岩体应力。

当代世界上地壳残余应力和现代应力测量,由于都是选在岩块中进行,对岩块力学性质所做恒定、均匀、线弹性、各向同性理想化假定引起的误差尚未全部排除。国内,1958 年作者提出的测量岩体残余应力的 X 射线法,由于是测岩石中的选岩矿物石英或方解石(001)晶面系晶面间距的变化,矿物的这种变化在恒定性、均匀性、线弹性方面由固体物理学知都比较稳定,且(001)晶面方向与其法向的力学性质呈轴面异性,因而可用轴面异性线弹性理论来测量。测量技术,符合对岩性所做恒定、均匀、线弹性、正交异性条件的要求。现代应力测量中,对各向异性岩块所做各向同性的假定问题,近年来国内外正陆续解决,作者 1995 年提出了正交异性岩体应力测量的水力压裂法,阿玛戴 1983 年提出了应力解除法。其他理想化假定问题,尚待继续解决。

二、岩体工程中使用应力的选择

岩块中的应力有三种:

1. 宏观应力（第一种应力）

使岩石中矿物晶体的晶面沿法向发生张、压平移变形的应力,为宏观应力,也称第一种应力。多晶体岩石中的应力是造岩矿物晶体中应力的平均值,在某方向的平均值便是多晶体在此方向的宏观应力。

矿物晶体中无应力时某方向的晶面间距为 d_0,受力后沿晶面法向位移变形使晶面间距改变为 d,由固体物理学知此种位移是弹性的,则晶面法向弹性正应变

$$\varepsilon = \frac{d - d_0}{d_0}$$

岩石中微体素内各晶粒的 ε 在某方向 n 的平均值

$$\overline{\varepsilon_n} = e_n$$

此即岩石在 n 方向的宏观弹性正应变。则此方向的宏观应力

$$\sigma_n = E e_n$$

岩石中微体素内晶粒的多少和大小，对 σ_n 是有影响的。晶粒小而多，σ_n 有平均性；晶粒大而少，甚至只有一个晶粒，σ_n 有明显方向性。

岩石中有宏观应力时，由于晶面间距被改变，由布拉格方程 $2d\sin\theta = n$ 入可知，从晶体辐射的 X 射线掠射角 θ 发生改变，因而可用之求得宏观应力。

2. 嵌镶应力（第二种应力）

使造岩矿物晶体晶面上的原子或离子在晶面法向偏离晶面而分散开造成晶面加厚的应力，为嵌镶应力，也称第二种应力。岩石中的嵌镶应力是造岩矿物晶粒中嵌镶应力的平均值，在某方向的平均值便是此方向的嵌镶应力。

晶体内嵌镶弹性应变，由于原子或离子离开规则晶面变得宽散而使晶面变厚，造成晶面间距 d 的起伏 Δd，将其与矿物高温退火后无嵌镶应力的晶面厚度 Δd_0 相比，得嵌镶弹性应变

$$\varepsilon' = \frac{\Delta d - \Delta d_0}{\Delta d_0}$$

岩石微体素内各晶粒的 ε' 在某方向 n 的平均值

$$\overline{\varepsilon'} = e'_n$$

为岩石在 n 方向的嵌镶弹性正应变。则此方向的嵌镶应力

$$\sigma'_n = E e'_n$$

这使得 X 射线经过晶体的辐射线强度曲线所占的掠射角 θ 的范围向高角度或低角度方向变宽，而出现宽散度 $\Delta\theta$，测 $\Delta\theta$，再经布拉格方程和弹性物性方程，可求得嵌镶应力。

3. 畸变应力（第三种应力）

使造岩矿物晶体点阵发生歪扭畸变的应力，为畸变应力，又称第三种应力。此应力使经过晶体的 X 射线强度降低。测岩样中有畸变应力的晶粒引起的降低了的两条反射线强度 I_1、I_2，再测此矿物经高温退火后无畸变应力的同样两条反射线的强度 I_{01}、I_{02}，将它们代入该矿物晶体所属晶系发生畸变弹性应变时点阵在各方向的均方偏差 $\overline{\Delta^2}$ 的表示式，可得平均弹性畸变 $\sqrt{\overline{\Delta^2}}$。则平均弹性畸变应变

$$\overline{\varepsilon''} = \frac{3\sqrt{\overline{\Delta^2}}}{a + b + c}$$

式中，a、b、c 是晶体点阵参数。平均畸变应力

$$\overline{\sigma''} = 3E \frac{\sqrt{\overline{\Delta^2}}}{a + b + c}$$

三种应力表示的力学特征不同、量值不同、荷载的应变能不同。宏观应力荷载能量 ≥ 1%，嵌镶应力荷载能量 <1%，畸变应力荷载能量占 98% ~99%。

三种应力大小的关系，为畸变应力 > 宏观应力 > 嵌镶应力。在岩石中，它们各约差 1 ~ 2 个数量级，或更大。

三种应力在空间上各按三轴椭球分布，椭球的三个轴为应力主轴。三种应力的主轴一般并不重合。

在岩体工程的动力中，宜选用哪种应力最佳，尚未解决。目前全世界岩体工程界都取用宏观应力，但并无理论和实践方面的根据，而且这种应力作用所荷载的应变能比例并不高，长处是计算较简便，已有的理论基础丰厚。工程中出现的安全问题，就可能是由于选用的应力类型不能最突出地表示问题的关键所在，造成的。应力类型选用不当，也会造成投资上的浪费。

第二节　岩性问题

一、岩体应属于碎块体

地壳岩体已被断层、节理、裂隙切割成碎块体，现已很难找到大于 10m 不含节理、裂隙的连续岩块，最大者也不过十几米。从四川盆地向下 7000 余米深的钻孔证明，此深度处也已是节理纵横。这种岩体的抗张强度，也已很小。如果把这种岩体假定为连续体，再用连续体力学理论来解决这种天然地质体的力学问题，把其中的应力、应变设定为坐标的有限、单值、连续、可微函数，并据此建立连续方程，这从理论上就引入了相当大的误差，也已不符合地壳岩体的实际状况了。为解决岩体的这种不连续性问题，应建立"碎块体力学"理论。这应是固体力学中的一个新的而又非常实际的重要分支。

二、岩体是孔隙多晶体

岩体是含有孔隙的多晶体。现阶段研究，只认识到岩体受力后固体格架承受的固体应力与孔隙中液体压力二相相互作用构成的有效应力。但实际岩体中的孔隙并非到处连通，常被各种形式隔墙封闭。封闭体，可使其中的固、液、气三相构成独立体系，而与外界隔离。这种封闭体中固、液、气三相相互作用构成的有效应力表示方法以及隔水层对孔隙压力空间分布的影响规律等问题，尚未研究清楚。

岩体的多晶体结构和复杂的自然裂隙分布对岩体强度的影响，尚须做实验和理论上的深入剖析，并应该用现场观测结果加以证明。

三、物性方程时间因素

质点组牛顿第二运动定律，表示为

$$\sum m_i \frac{\mathrm{d}v_i}{\mathrm{d}t} = \sum F_i \bigg|_{i=n} \tag{8.3}$$

两边乘 $\mathrm{d}t$ 后，积分，得

$$M(v_{t_2} - v_{t_1}) = \int_{t_1}^{t_2} \sum F_i \cdot \mathrm{d}t = Ft \bigg|_{i=n} \tag{8.4}$$

式（8.4）说明，质量 M 的地块从时刻 t_1 开始在质心有力 F 作用直到时刻 t_2，在时间（$t_2 -$ t_1）$= t$ 内其质心动量改变量等于其冲量 Ft。即一地块的动量增加，则对相邻地块作用的冲量随之增大；一地块受相邻地块作用的冲量增大，则其动量随之增加。这实际上是牛顿第二运动定律的另一种表示形式。式（8.3），是指单位时间地块发生的运动状态变化；式（8.4），是指 t 时间内地块发生的运动状态变化。与时间有关。实际应用中，对时间 t 的长短也是有要求的：对岩体工程为 10 年以上以保证使用质量，对地震预报为几小时以上才有实际意义。

以小时计的短时岩块蠕变实验和以百年计的古建筑石材蠕变统计结果，也表明在这个时间段内岩石的蠕变量完全不可忽视。

岩体运动的特点：

（1）时间长，把短时间的力学理论外推到如此长的时间，尚未证明其适用性。

（2）变形范围和形变量大，小范围的小形变理论对如此大的变形客体和大形变是否还适用，尚未证明。

（3）地块结构复杂，从油井压力大大区水平传递的过程可见，应力传递机理十分复杂，在地块中传递需要时间，也并非可传至无限远，能传至的距离是有限的，途中遇到的障碍和能量耗损很多，可传的距离、方向、分布受岩体结构、裂缝状态、空洞分布、破碎程度和围压介质等的严重影响。

岩体力学参量是反映岩体应力、应变关系的物理量。如果它们是恒量，可导出简明的岩体物性方程。但实验和现场测量结果表明，岩体力学参量是温度、围压、介质、时间、加载大小和次数以及加载速率等的函数，是变量。因此须要建立岩体含有时间因素的变参量物性方程。这是工程岩体力学又一划时代的重任。